DeepSeek 高效学习法
和孩子们一起用AI提高成绩

姜格格◎编著

清华大学出版社
北京

内容简介

随着人工智能技术的飞速发展，DeepSeek 的出现正在重塑传统的学习方式。它不仅能即时解答疑问，还能帮助学生体系化拓展知识。同时，它能够精准定位学生的薄弱环节，帮助学生动态调整学习策略，让学习效率成倍提升。借助 DeepSeek，学生可以告别盲目刷题、死记硬背知识点、漫无目的的复习等各种低效学习方法，真正实现从"苦学"到"巧学"的转变。本书结合实用技巧与真实案例，帮助学生从基础学习到深度学习，全面提升学习能力。本书特色鲜明，以"AI+学习"为核心，提供可落地的操作指南，让科技真正助力学习。

本书共分为 9 章，系统讲解如何利用 DeepSeek 实现高效学习。本书首先对 DeepSeek 的核心功能及使用技巧进行讲解，帮助学生快速上手；然后详细拆解预习、复习、作业、考试四大学习场景，提供针对性的解决方案；最后聚焦语文、数学、英语三大主科，提供专项突破方法。

本书内容通俗易懂，幽默风趣，适合广大中小学生及其家长阅读。无论是希望夯实基础的学生，还是渴望突破瓶颈的进阶学生，都能从中找到适合自己的高效学习策略，让学习事半功倍。

版权所有，侵权必究。举报：010-62782989，beiqinquan@tup.tsinghua.edu.cn。

图书在版编目（CIP）数据

DeepSeek 高效学习法：和孩子们一起用 AI 提高成绩 / 姜格格编著.
北京：清华大学出版社，2025. 6. -- ISBN 978-7-302-69580-6
Ⅰ．TP18-49
中国国家版本馆 CIP 数据核字第 2025B7E260 号

责任编辑：王中英
封面设计：欧振旭
责任校对：徐俊伟
责任印制：沈　露

出版发行：清华大学出版社
网　　址：https://www.tup.com.cn，https://www.wqxuetang.com
地　　址：北京清华大学学研大厦 A 座
邮　编：100084
社 总 机：010-83470000
邮　购：010-62786544
投稿与读者服务：010-62776969，c-service@tup.tsinghua.edu.cn
质量反馈：010-62772015，zhiliang@tup.tsinghua.edu.cn
印 装 者：涿州汇美亿浓印刷有限公司
经　　销：全国新华书店
开　　本：145mm×210mm　　印　张：7.75　　字　数：174 千字
版　　次：2025 年 7 月第 1 版　　　　　　 印　次：2025 年 7 月第 1 次印刷
定　　价：59.80 元

产品编号：112657-01

献给我的女儿——希希

我的孩子,感谢你来到了我的世界,让我拥有成为一个母亲的喜悦。

从你出生的那一刻起,我的人生便有了新的意义。你的笑容是我最大的动力,你的成长是我最深的牵挂。在你身上,我看到了生命最纯粹的美好,也让我对"教育"二字有了全新的理解。

纪伯伦在《先知》中写道:"你的孩子,并不是你的孩子。他们是生命对于自身渴望而诞生的孩子。他们借助你来到世间,却并不属于你。"

这句话让我在育儿的旅途中更加笃定:孩子是独立的个体,他们有自己的思考、梦想和旅程,而我们作为父母,能做的是为他们点燃一盏灯,让他们在探索世界的道路上始终拥有前行的光亮。

我依然清晰地记得你小时候的模样,那个对世界充满好奇的小女孩,总是睁大眼睛问我各种各样的问题:"为什么星星会发光?""为什么海水是咸的?"我喜欢你那种永远不满足于答案的探索精神;你可以拼一天的乐高,全神贯注地搭建属于自己的小世界,那时的你,已经让我看到了专注的力量。我一直默默地守护着你,让你自由探索,让专注成为你最大的优势;在书店里,刚开始你总是东张西望,好奇周围的一切,直到慢慢地安静下来,沉浸在油墨飘香的世界里尽情阅读。从那个时候起，我知道，你一定会成为一个热爱知识、享受思考的人。

小学时，你并没有展现出特别突出的学习天赋，甚至有些如 gate 的基础单词，竟然花了一整天来记忆。写不完作业时，你会急得哇哇大哭，那时的你，已经让我看到了要强与不服输。

进入初中后，你的书桌上写着："学习很苦，坚持很酷。"每一次你都以考第一为目标，不断挑战自己，突破自己。我看到了你对知识的渴望，对未来的期待，也看到了你用努力一点点地铸就自己的梦想。

在你成长的过程中，我见证了你的勤奋、坚持与智慧，也一次次被你的勇敢和善良所感动。你不是一个只追求成绩的孩子，而是一个真正热爱学习、懂得思考的孩子。这是让我最骄傲的事。

你让我相信，学习不仅是获取知识的途径，更是发现世界、理解世界的方式。你让我看到，真正的优秀不仅是高分数，更是内心的坚定和对梦想的执着。

我的孩子，我想对你说：无论未来如何，请始终相信自己，保持求知的热情，勇敢地探索世界吧！你拥有无限的可能，而我，将永远是那个在身后支持你、陪伴你、为你骄傲的母亲。

愿你在知识的海洋里自由遨游，在人生的旅途中勇敢前行。愿你的世界充满光明，愿你的心灵始终丰盈。

爱你的妈妈

2025 年 4 月 8 日

前言

彼得·德鲁克说:"预测未来的最好方式就是创造它。"

AI 不是要替代老师,而是要让教育回归本质,我认为核心的原因有如下三点:

※ 从标准化生产转向个性化成长;

※ 从知识灌输转向思维锻造;

※ 从应试导向转向终身学习。

在本书中,您将看到我是如何用 DeepSeek 解决 5 大类学习问题的。

1. 消除知识盲区和理解障碍

DeepSeek 能够即时解答各类学科问题,并提供知识体系的延伸拓展。本书利用这一功能,帮助学生快速定位学习中的模糊概念和疑难问题,通过系统化的解析和针对性训练,将零散的知识点串联成完整的认知网络,让学生真正实现从"不会"到"精通"的转变。

2. 避免学习效率低下

DeepSeek 具备智能分析学习数据、自动归纳重点内容的功能。本书基于这些功能,指导学生建立科学的预习、复习和作业完成流程。通过设计个性化学习方案,让学生避免盲目刷题和无效重复,让每一分钟的学习时间都能发挥最大的效益。

3. 让考试重点突出

DeepSeek 可以智能分析考点分布和命题规律。本书运用这一优势，教会学生如何精准把握考试重点，通过高频考点强化、错题针对性训练等方法，建立高效的备考策略，确保复习有的放矢，实现考场上的稳定发挥。

4. 实现学科专项突破

DeepSeek 能够针对不同学科特点进行专项分析。本书结合这些功能，详细讲解语文阅读深度解析、数学思维建模训练、英语单词科学记忆等学科特训方法，帮助学生突破特定学科的学习瓶颈，实现单科成绩的显著提升。

5. 优化学习方法

DeepSeek 不仅能解答具体问题，还能培养科学的学习思维。本书依托这一特点，系统讲授独立思考能力培养、信息甄别、学习计划制订等相关内容，帮助学生建立可持续的高效学习体系，获得终身受益的学习能力。

从小学到初中，我的女儿一直是老师和家长眼中的"别人家的孩子"，她连续三年被评为区三好学生和美德少年，小学毕业时更是获得市三好学生的荣誉，因此我也被评为区级优秀家长，并在区里分享我的育儿经验。初中她顺利考入北京二中，在这所市重点中学，她还是继续保持优异的成绩，又连续两年获得区三好学生和优秀学生干部的称号，考试成绩名列前茅，经常获得第一，被同学们奉为"大姐大"。

然而，作为一名母亲，我比任何人都清楚，女儿的成绩并不是依赖天赋或者智商而来，而是源于我这些年带给她的正确学习方法和高效学习策略。

在女儿成长的过程中，我一直在思考一个问题：为什么有的学生看起来很聪明，却总是考不出理想的成绩？为什么有的学生每天都在努力学习，但成绩始终不上不下？为什么有的学生作业写到很晚甚至熬成近视眼，但学习效率始终难以提升？

这些问题促使我深入研究学习方法。最终，我发现有两点能够让学生终身受益：一是专注度，二是提升效率。

我自己非常在意单位时间的投入产出比。我的育儿理念就是高效学习，释放时间，学习和娱乐相结合，在快乐中进步。我很早就接触了各种大模型，并把这些模型用到我的工作中。当我慢慢摸索出一些经验时，就开始让女儿主动去研究这些模型。经过半年多的磨合，我们共同形成了一套行之有效的学习体系——DeepSeek 高效学习法。

许多学习成绩差的学生，其实都有一些学习误区，也就是方法没有用对，这会导致事倍功半。如果家长再"晓之以情，动之以理"，就非常容易和他们造成不可调和的矛盾，从而进入一个无法沟通的黑洞。我总结了以下 5 个学习误区，相信在很多学生的身上都出现过。

※ **不复盘**：许多学生完成作业后就觉得任务结束了，却不知道遗忘曲线会让他们迅速丢失知识。学过了不代表学会了，学会了也不代表真的会了。我培养女儿的习惯是每天回顾当天所学，并通过总结形成知识网。

※ **不死磕**：有些学生做题追求数量而非质量，而女儿在完成基础练习后，会集中精力攻克难题，真正掌握解题思维。

※ **手太懒**：不少学生考试时习惯"心算"，但女儿一直坚持书写演算，以确保每一步推理清晰，减少低级错误。

※ **字太潦草**：潦草的书写往往会导致老师误判答案，而女儿注重规范书写，让每一个字都清晰可辨。

※ **看答案式学习**：有些学生在刷题时一看到不会的题就翻答案，觉得自己"懂了"，但下次遇到同类题目依然做不出来。我女儿的方法是先尽可能独立思考，真正理解后再对照答案查漏补缺。

DeepSeek学习法的核心理念是帮助学生掌握科学高效的学习方法，而不是盲目刷题、死记硬背。正如诺贝尔奖得主费曼所说："如果你不能用简单的语言解释某个概念，那说明你还没有真正理解它。"通过正确的方法，我们可以让每个学生都成为学习高手。

作为一名母亲，我深知家长的焦虑和期待，更明白学生的困惑与挑战。因此，我希望通过本书把DeepSeek高效学习法分享给所有的中小学生及其家长，让他们了解和掌握该学习方法，从而取得更好的成绩。

最后写几句话送给各位中小学生们：如果你也曾在学习中迷茫过，如果你也想在努力中看到真正的进步，那么本书将成为你的得力助手。愿你在学习的道路上找到最适合自己的方法，成为更优秀的自己！

姜格格
2025年4月

目录

第 1 章 DeepSeek 帮你学习效率加倍 ·········· 001

1.1 DeepSeek 能帮你解决哪些学习问题 ·········· 001
- 1.1.1 知识盲区扫雷器：即时解答 + 体系化拓展 ·········· 002
- 1.1.2 解题思维教练：从卡壳到通透的引导者 ·········· 004
- 1.1.3 私人学习管家：精准诊断 + 动态调整 ·········· 007

1.2 使用 DeepSeek 不翻车攻略 ·········· 013
- 1.2.1 闯关第一步：独立思考才能解锁答案 ·········· 013
- 1.2.2 闯关第二步：修炼信息鉴谎超能力 ·········· 016
- 1.2.3 终极秘籍：健康学习获得王者成就 ·········· 019

第 2 章 快速上手 DeepSeek ·········· 021

2.1 三步成为操作达人 ·········· 021
- 2.1.1 选择平台注册账号 ·········· 021
- 2.1.2 认识核心界面 ·········· 023
- 2.1.3 第一次提问实战 ·········· 026

2.2 三秒提问绝招：不用打字也能问 ·········· 031
- 2.2.1 动动嘴就能问：语音输入法神操作 ·········· 031
- 2.2.2 一拍即问：拍照上传题目 ·········· 033
- 2.2.3 文件秒传：电子版作业直接问 ·········· 034

2.3 快速拆解长回答：三招告别信息过载 ·········· 036
- 2.3.1 生成简化版：一键提取核心要点 ·········· 036

        2.3.2 生成表格：把知识装进格子里……039
        2.3.3 关键词高亮：快速定位核心词……043

第3章 预习阶段：三步锁定新课核心……045

    3.1 预习范围设置三步法：让AI秒懂你的课本……045
        3.1.1 照抄课本目录法：按图索骥最精准……045
        3.1.2 随手一拍定范围：课本拍照智能识别……047
        3.1.3 盲猜知识点法：AI侦探上线……049
    3.2 快速预习秘籍：三步抓住核心……050
        3.2.1 知识压缩包：三分钟听AI串讲……051
        3.2.2 查漏补缺清单：先复习才能学得快……053
        3.2.3 重点和难点预警雷达……056
    3.3 预习深度训练：从知道到理解……059
        3.3.1 疑点标记与急救指南……059
        3.3.2 背景知识拓展站……061
        3.3.3 自测小挑战：检验预习成果……064
        3.3.4 课堂听讲指南：带着问题去上课……066

第4章 复习阶段：精准查漏补缺……070

    4.1 快速复习三步法：精准定位+高效巩固……070
        4.1.1 锁定复习目标：划范围，抓重点……070
        4.1.2 笔记扫描仪：AI医生诊断学习漏洞……073
        4.1.3 自测题挑战赛：五分钟验收成果……076
    4.2 梳理知识体系：从零散到系统的飞跃……079
        4.2.1 思维导图生成器：把书读薄的秘籍……079
        4.2.2 知识网络编织术：发现隐藏的关联……083

第5章 作业阶段：三步攻克作业难题 089

5.1 作业求助指南：从卡壳到通透 089
5.1.1 读题找不到方向？启动"分步拆解器" 089
5.1.2 有思路但卡壳？激活"思路重启急救包" 096

5.2 作业验证双引擎：对错判断 + 思维升级 100
5.2.1 快速验证对错：拒绝无效努力 100
5.2.2 另类解法拓展包：打开思维天花板 103
5.2.3 错题根因诊断：精准定位知识漏洞 105

5.3 错题本自动化：从整理到逆袭 111
5.3.1 一键生成智能错题本 111
5.3.2 错题重做训练营 114
5.3.3 三步画出清晰的解题思路 116

第6章 考试阶段：科学冲刺三步法 120

6.1 精准锁定复习靶心 120
6.1.1 课本范围扫描仪：考试要点一网打尽 120
6.1.2 历年真题筛重点：高频考点热力图 123
6.1.3 错题本定位难点：私人漏洞清单 128

6.2 考场必杀技实战训练 129
6.2.1 突发情况应对库：冷静解决意外 130
6.2.2 一题多解优选策略：速度与准确率平衡 132
6.2.3 压力缓解工具箱：三分钟平静术 134

6.3 考后复盘三重奏 136
6.3.1 逐题验证：确保真知而非猜测 137
6.3.2 错题整理：找到学习弱点 143

6.3.3 定制巩固计划：从补漏到超越 ················· 145

第7章 语文专项突破：阅读+文言文+写作三线攻略 ········ 149

7.1 阅读理解提分引擎：三层突破法 ·················· 149
    7.1.1 字词侦探所：扫清理解路障 ················· 150
    7.1.2 结构拆解局：把握文章骨架 ················· 155
    7.1.3 深潜挖掘组：解码隐藏信息 ················· 161

7.2 文言文破译密码：古今穿越三件套 ·················· 164
    7.2.1 文言字词解码器：攻克"之乎者也" ················· 164
    7.2.2 古今异义雷达：破解时空密码 ················· 167

7.3 作文升格训练营：三步写出满分作文 ················· 171
    7.3.1 题目解剖室：精准把握写作要求 ················· 171
    7.3.2 素材唤醒仪：激活记忆宝库 ················· 175
    7.3.3 结构工程师：搭建作文骨架 ················· 178
    7.3.4 优化大师：从草稿到佳作 ················· 183

第8章 数学攻坚：从畏难到精通的通关秘籍 ·············· 186

8.1 计算失误终结者：精准度与速度兼得 ················· 186
    8.1.1 错因透视镜：揭开"马虎"背后的真相 ················· 186
    8.1.2 神算工具箱：AI私教传授独门技巧 ················· 189
    8.1.3 精准特训营：从知道到做到 ················· 192

8.2 应用题建模训练器：现实问题数学化 ················· 196
    8.2.1 三步拆解工具箱 ················· 197
    8.2.2 跨学科建模挑战 ················· 201

8.3 函数与图像破译术：数形结合思维 ·················· 205
    8.3.1 函数图像翻译官 ················· 205

8.3.2　动态应用题解构 ·· 209

第9章　英语进阶：单词、语法、听说三重密码破译 ·········· 213

9.1　单词记忆黑科技：解构、扩展、联结 ·································· 213
　　9.1.1　单词解剖室：拆解音、形、义密码 ·························· 213
　　9.1.2　单词家族树：一词生百词 ······································· 217
　　9.1.3　语义关系网：同义、反义、联想 ····························· 220

9.2　语法破译密码：词源、差异、时态三重奏 ···························· 223
　　9.2.1　介词侦探社：词源里的搭配密码 ····························· 223
　　9.2.2　时态时空局：破解时间密码 ···································· 226

9.3　语音交互特训：听说能力双突破 ·· 229
　　9.3.1　开口说第一步：心理障碍消除计划 ·························· 229
　　9.3.2　听力扩展训练：突破教材限制 ································ 231

第 1 章
DeepSeek 帮你学习效率加倍

随着 DeepSeek 的诞生，我们的学习也进入 AI 时代。在这个时代，我们不仅要积极使用 DeepSeek，还要规避 DeepSeek 带来的各种风险。只有这样，才能用好 DeepSeek，让自己的学习效率加倍。

> **说明：**
> 为了增强本书的趣味性和易读性，笔者特意为本书用 AI 软件生成了一些插图。因当前 AI 软件的功能还不够强大，生成的插图可能还不够生动，甚至存在一定的错漏和不太合理之处，希望读者能够理解。

1.1 DeepSeek 能帮你解决哪些学习问题

很多同学把 DeepSeek 当作一个解题工具，遇到做不出来的题目才会用到它。其实，DeepSeek 的功能远超大家的想象。它不仅能解答我们学习中的各种疑问，还能训练我们的思考方式，针对学习中的短板给出分析和专项练习方案。

1.1.1 知识盲区扫雷器：即时解答+体系化拓展

台灯下，希希盯着练习册的最后一道大题想了半个多小时，也没有一个思路。翻过所有的课本、笔记和参考书，她也没找到一个类似的题目。现在，她只能找人帮忙了。问父母？她马上划掉这个想法，爸爸和妈妈去年已经看不懂自己的题目了。问老师？她又划掉了，老师只能明天去学校问。问同桌，同桌却说，她还在做其他作业。希希叹气道："要是有一个人能随时随地给解答难题，那该多好啊！"

预习时，看到生词，查了大半天，不知道什么意思。复习时，

看着笔记上的跳步（省略了中间步骤），怎么都补不全。做作业时，看着做不出的题目，只能大眼瞪小眼，干着急。在学习中，我们经常会遇到各种问题。并且，学得越不好，遇到的问题就越多。

当遇到问题时，我们很容易变得烦躁和焦虑。例如，在写作业时遇到一个难题，开始时只是有点压抑。努力了一会，问题没有解决，就变得沮丧。如果这个题目能跳过不做，虽然会轻松一点，但也难免失落。如果这个题目是考试必考，就会倍感焦虑。

所以，遇到问题而不能及时解决，会挫伤我们的积极性。我们花费很大力气积攒起来的一点学习劲头，很容易被这样的几个问题轻松磨掉。要避免这种情况的发生，就需要在问题出现时快速消灭它。为此，我们和家长都想了很多办法。

我们会购买很多教辅书，尤其是与作业相关的。当遇到问题时，我们期望能第一时间通过这些资料解决问题。家长则喜欢把我们送到各种学习机构去完成作业，希望学习机构里面的人员能帮助我们解决各种学习中的问题。

这些方法虽然能解决一部分问题，但也很难做到即时解答。例如，我们购买的资料很难覆盖所有的问题。即使能够覆盖我们遇到的问题，我们也不一定能找到。另外，学习机构里的人员也不是全知全能，更做不到第一时间来解决我们的问题。

现在有了DeepSeek，就不用担心这个问题了。首先，DeepSeek学习过海量知识，能解决我们遇到的各种常规问题。其次，只要向它提问，它在十几秒内就会给出答案。例如，我们遇到一个英语题目"His name is Ronald Wilson Reagan. His last name is_____"，向DeepSeek进行提问，如图1.1所示。

His name is Ronald Wilson Reagan. His last name is _____ 这个题目怎么答？

已深度思考（用时18秒）

这个题目的答案是：**Reagan**。

解析：
在英文姓名中，通常结构为：

- **First name（名）** Ronald
- **Middle name（中间名）** Wilson
- **Last name（姓）** Reagan

因此，题目问的是姓氏（last name），所以填 **Reagan**。
（注：罗纳德·威尔逊·里根是美国第40任总统，此为他的全名。）

图 1.1　DeepSeek 回答问题

从显示的结果可以看出，DeepSeek 思考了 18 秒就给出了解题方法。并且，它没有局限在 Last name（姓）单一知识点上，而是扩展到了整个英文姓名结构上，列出了 First name（名）、Middle name（中间名）、Last name（姓）。这种体系化的扩展不仅能帮助我们理解题目本身，还能巩固相关知识点。无形中，做到了事半功倍。

1.1.2　解题思维教练：从卡壳到通透的引导者

希希盯着一道几何题，眉头紧锁，草稿纸上画满了乱七八糟的线条，却始终找不到突破口。她无奈地戳了戳同桌："帮帮我吧。"同桌瞥了一眼题目，随手在图上画了一条辅助线，然后继续低头看书。希希愣住了——答案竟然如此简单！她激动地摇着同桌的胳膊："你是怎么想到这条线的？"同桌头也不抬，淡淡地说："感觉。"希希呆在原地，心里既佩服又无奈，原来解题还能靠"感觉"！

第1章 DeepSeek帮你学习效率加倍

很多时候，我们并不满足于获得答案，而更想知道"为什么会这样"。只有搞清楚这个问题，才会觉得自己不再迷迷糊糊，能轻松搞定类似的题目。否则，遇到类似的题目还会卡壳。不幸的是，我们的这个愿望经常无法实现。

例如，老师讲解复杂的题目时，会一笔带过一些"简单"的部分，集中讲解最难的部分。同学讲题时，经常把一些步骤当作理所当然，不讲"为什么"。教辅书给出答案时，总是为了节省篇幅，省略了很多步骤。

这就导致我们对很多内容的理解总是模模糊糊的，一旦题目出现一些变化就卡壳了。我们需要一个人事无巨细地把问题分析得清清楚楚，一步也不落下。现在有了DeepSeek，我们终于可以实现这个愿望了。哪怕我们提出一个很简单的题目，DeepSeek也会一步步地进行解释。

例如，有一个简单的填空题："若 $x=3$ 是关于 x 的方程 $mx-m=2$ 的解，则 m 的值为____。"我们向 DeepSeek 进行如下提问：

问：若 $x=3$ 是关于 x 的方程 $mx-m=2$ 的解，则 m 的值为____。这个题目怎么解？每一步是如何思考的？

答：先回顾题目。

题目给出一个关于 x 的方程：

$$mx - m = 2$$

并且已知 $x=3$ 是这个方程的解，要求求出 m 的值。

第一步：理解题意

首先，我需要理解题目的意思。题目说 $x=3$ 是方程 $mx-m=2$ 的解。这意味着当 $x=3$ 时，方程成立。因此，我可以将 $x=3$ 代入方程中，求出 m 的值。

第二步：代入已知值

既然 $x=3$ 是方程的解，那么将 $x=3$ 代入方程：

$$m \times 3 - m = 2$$

第三步：简化方程

现在，我需要简化这个方程来求解 m：

$$3m - m = 2$$
$$(3m - m) = 2$$
$$2m = 2$$

第四步：解方程求 m

现在，方程简化为：

$$2m = 2$$

为了求出 m，我将两边同时除以 2：
$$m = 1$$

第五步：验证答案
为了确保我的答案是正确的，我需要将 $m = 1$ 代入原方程，看看是否成立。
原方程：
$$mx - m = 2$$
代入 $m = 1$ 和 $x = 3$：
$$1 \times 3 - 1 = 2$$
$$3 - 1 = 2$$
$$2 = 2$$
等式成立，因此 $m = 1$ 是正确的解。

最终答案：
通过以上步骤，我们得出 m 的值为 1。

DeepSeek 不仅把每个步骤列出来，还附上了完整的验算过程。如果我们对其中的步骤有疑问，还可以继续追问。在这个过程中，DeepSeek 不会有任何厌烦心理，它只会积极思考我们不明白的地方在哪里。

通过如此反复大量的讲解，我们就能掌握解题思路，不会因题目的稍许改变而卡壳。

1.1.3　私人学习管家：精准诊断 + 动态调整

希希的数学成绩一直在及格线徘徊。为了提升成绩，她每天放

DeepSeek高效学习法：和孩子们一起用AI提高成绩

学后都留在教室刷题。周末她也不休息，继续把自己埋进题海里。一个月过去了，她的数学成绩只提高了五分，而其他科目却因为时间被占用而下滑。

希希望着满桌的草稿纸，第一次感到了迷茫。继续刷题，真的能带来突破吗？如果不刷题，又该怎样提高数学成绩？她站在教室窗前，望着夕阳下空荡荡的操场，陷入了深深的思考。

题海战术一直都是我们提升成绩的首选。语文作文不行，就多写作文；数学几何比较弱，就多刷几何题；英语语法不行，就做语法题。总之，哪块不行，我们就多做对应类型的题目。虽然收获总是会有一些，但是与付出相比，显得不那么高效。

为什么刷题不是一个高效的方法呢？这是因为我们刷的题不是那么精准。要想刷题精准，需要做到以下两点。

首先，需要明确自己的问题在哪里。例如，作文总是拿不了高分，可能是审题不准，总是跑题；也可能是文章结构模糊，不够清晰；还可能是内容空泛，没有和实际联系在一起。大部分时候，我们很难觉察自己的问题所在，而老师也缺乏时间帮我们逐一发现每个错误。

其次，找到对应的题目。我们能明确定位自己的问题，但很难做出针对性的训练。例如，我们的作文审题能力偏弱，但没办法收集一百个题目进行专门的审题练习，只能是多写几篇作文。对于每个作文题目，审题只花 5 分钟，写完一篇作文却需要 30 分钟。这导致 25 分钟的时间并没有用到刀刃上。

于是，为了弥补自己的短板，我们只能是大水漫灌，大量刷题。现在有了 DeepSeek，我们就能对问题精准诊断，并动态调整。例如，下面是我们做错的一个一元一次方程题目。

$$x = 1 + \frac{x}{2} + \frac{x}{4} + \frac{x}{8} + \frac{x}{16}$$

解：

$$16x = 1 + 8x + 4x + 2x + x$$

$$16x = 1 + 15x$$

$$x = 1$$

我们把这个错误提交给 DeepSeek，让它分析一下，判断出错的原因是什么，提问如下：

问：$x=1+x/2+x/4+x/8+x/16$
解：$16x=1+8x+4x+2x+x$
　　　$16x=1+15x$
　　　$x=1$
帮我分析一下，我这个题目错在哪里了？
答：你的解题过程中存在一个错误，主要是在第一步的方程转换中。让我们逐步分析：
……
这里的问题在于，你直接将方程两边乘以 16，但没有正确处理常数项 1 的乘法。正确的做法是将方程两边同时乘以 16，以消去分母。

正确的转换步骤：
……
总结：
你的错误在于没有正确处理常数项 1 的乘法。正确的解是 $x = 16$。

DeepSeek 找到了错误的位置,并给出了正确的做法。为了寻找出错的原因,我们继续追问 DeepSeek 如何解决这个问题,提问如下:

问:导致这个错误的原因是什么?我该如何避免呢?
答:导致这个错误的原因是在对方程两边进行乘法运算时,没有对所有项(包括常数项)进行统一处理。具体来说,当你将方程两边乘以 16 时,只对含有 x 的项进行了乘法运算,而忽略了常数项 1 也需要乘以 16。

错误的原因:
1. 忽略了常数项的乘法。
……
2. 对乘法分配律的理解不足。
……

如何避免这种错误?
1. 明确每一步的操作对象。
在对方程进行运算时,明确要对所有项进行相同的操作。例如,乘以 16 时,确保常数项和变量项都乘以 16。
2. 使用括号确保运算范围。
在对方程进行乘法运算时,可以使用括号明确运算的范围。
例如:
……
3. 逐步检查每一步。
在完成每一步运算后,检查是否对所有项进行了正确的操作。例如,在乘以 16 后,检查常数项是否变成了 16,变量项是

否变成了 $8x, 4x, 2x, x$。
4. 养成验算的习惯。
在解完方程后,将解代入原方程,验证是否成立。例如,当你得到 $x=16$ 时,代入原方程:
……
通过以上方法,你可以避免类似的错误,并确保解题过程的准确性。

DeepSeek 不仅分析出错的底层原因,还给出了避免错误的一系列的方法。为了巩固这个方法,我们可以要求 DeepSeek 给出几个同类型的题目,提问如下:

问:再出几个类似的题目,我进行一下强化练习。
答:好的!以下是几个类似的题目,供你进行强化练习。这些题目都涉及对方程进行乘法运算以消去分母,同时也包含常数项和变量项。建议你按照正确的步骤解题,并在完成后验算。

题目1:
解方程:
$$x = 2 + \frac{x}{3} + \frac{x}{6} + \frac{x}{12}$$

题目2:
解方程:
……

题目5:
解方程:

$$x = 5 + \frac{x}{3} + \frac{x}{9} + \frac{x}{27}$$

解题步骤提示:
1. 找到方程中所有分母的最小公倍数(LCM),并将方程两边乘以这个数,以消去分母。
2. 确保对所有项(包括常数项和变量项)进行相同的乘法运算。
3. 合并同类项,解出 x。
4. 将解代入原方程,验证是否正确。
……

DeepSeek 不仅给出了 5 道类似的题目,还给出了步骤提示、答案等。我们可以直接进行针对性练习。如果把 5 个题目都做对了,则解决了这个问题。如果中间出现错误,可以让 DeepSeek 生成更多的题目,持续练习,直到不再出现这个错误。

同法,我们的作文拿了一个低分,可以把题目和自己写的作文提交给 DeepSeek,让它分析,找到具体的错误。如果是审题出错,就要求 DeepSeek 分析出错的深层次原因,然后要求 DeepSeek 出同类的作文题目,我们进行专门的审题练习,而不用去写完整的作文。

这样,我们就实现了精准诊断,然后针对性练习,最后根据练习结果动态调整,彻底避免了低效的题海战术。

1.2 使用 DeepSeek 不翻车攻略

虽然 DeepSeek 是一把学习利器,但是我们也应遵循其使用的基本原则。否则,它不仅会直接影响我们的学习,还会间接影响我们的身体健康。要想使用 DeepSeek 时不翻车,需要注意以下三个问题。

1.2.1 闯关第一步:独立思考才能解锁答案

希希是班上有名的"问题王",无论遇到什么难题,她总是第一时间举手问老师。同学们都羡慕她的积极,觉得她肯定能学好。然而,每次考试成绩出来,希希总是徘徊在中下游。老师也很困惑,明明课堂上讲解过的问题,希希却还是答不对。

在很多同学眼里，遇到问题问老师是一种积极学习的表现。这样不仅能避免自己做无用功，还能快速获得正确的答案。看似这是一种好的学习习惯，但很容易养成依赖思维。一遇到问题就去问老师，慢慢地，我们就失去了发现的乐趣，降低了学习兴趣和动力。

另外，长此下去，我们也会陷入一种被动学习状态。遇到问题，听老师讲解，把老师讲的记下来，这就形成了机械式学习，死记硬背。即使我们记住了，题目一旦发生变化，还是难以应对。这也是希希连老师讲过的题目都不会的原因。

在使用 DeepSeek 时，我们同样会遇到这个问题，并且问题会更严重。首先，相比问老师，我们问 DeepSeek 可以更频繁，毕竟老师并不是总在身边，而 DeepSeek 却随时都在身边。其次，我们问老师的问题，多少会思考一下，避免问出一些太基础或低级的问题，而问 DeepSeek 则没有任何心理负担。

这两点会导致我们对 DeepSeek 产生更严重的依赖，形成更彻底的被动学习。由于 DeepSeek 没有老师的权威，我们连死记硬背的动力都缺失，所以很容易出现"问完就忘"的尴尬局面。要想避免这种现象的发生，我们就需要进行一些独立思考。

在提问之前，可以花上一分钟思考两个问题。第一个问题是，自己遇到的问题是什么。第二个问题是，这个问题可能的解决办法是什么。在向 DeepSeek 提问时，我们把自己的想法告诉 DeepSeek，让 DeepSeek 分析一下。

例如，现在有一道几何题："若 n 边形的内角和是其外角和的 4 倍，则 n 为多少？"我们先做一下快速思考。这是一道与多边形内角、外角度数相关的题目。我们现在知道内角和的计算公式，但

不知道外角和是否有计算公式。于是向 DeepSeek 进行求助,提问如下:

 问:若 n 边形的内角和是其外角和的4倍,则 n 为多少?这个题目如何求解?我现在知道,这是一个关于多边形内角和外角的度数问题。我记得多边形的内角和计算公式,但我不知道外角和的计算公式。

答:首先,题目要求解一个 n 边形的内角和是其外角和的4倍时的 n 值。

1. 多边形的内角和公式:

　　内角和公式为 $(n-2) \times 180°$ 。

2. 多边形的外角和:

　　任何多边形的外角和恒为 $360°$,无论边数 n 是多少。这一点可以通过绕多边形一周转过的总角度为 $360°$ 来证明,或者通过每个顶点的内角和外角互补的关系推导出来:每个顶点的内角和外角之和为 $180°$,因此 n 边形的内角和外角之和为 $n \times 180°$,减去内角和 $(n-2) \times 180°$,得到外角和为 $360°$ 。

3. 题目中的条件:

　　内角和是外角和的4倍,因此内角和为 $4 \times 360° = 1440°$ 。

4. 解方程:

　　代入内角和公式:

$$(n-2) \times 180° = 1440°$$

　　解这个方程:

　　……

最终答案为:10。

DeepSeek 的回答首先肯定了我们的判断，这是一个关于 n 边形内角和外角的题目。其次，它使用多边形内角和公式。最后，它指出外角和计算公式，并应用于题目求解中。通过这样的对比，我们不仅巩固了自己对题目的分析能力，也知道自己的欠缺在哪里——外角和计算公式。这样，我们就只掌握外角和计算公式即可，而不用记忆整个题目，下次再遇到涉及外角和的题目便能轻松搞定。

1.2.2 闯关第二步：修炼信息鉴谎超能力

希希为作文《笨鸟先飞》绞尽脑汁，偷偷点开 AI 助手 DeepSeek："求类似名言！"屏幕上跳出十几条推荐，她一眼相中"鲁迅：所谓天才，不过是每天积累成才"，工整地抄在结尾。次日作文发回，老师鲜红的批注很刺眼："鲁迅说过这句话吗？"她涨红脸翻出《鲁迅全集》，终于找到原句——"哪里有天才，我是把别人喝咖啡的工夫都用在工作上的。"希希大怒："DeepSeek，你竟然坑我！"

我们在某个平台的 DeepSeek 上提问"请列举与'笨鸟先飞'相关的名言名句",它会这样回答:

答:以下是和"笨鸟先飞"主题相关的名言名句,均体现勤奋、早行或努力弥补不足的精神:

1. 中国经典
……
2. 外国哲思
……
3. 现代启示
  (8)"所谓天才,不过是每天积累成才。"
    ——鲁迅
(日积月累的勤奋胜于天赋)
……
4. 成语俗语
……
这些名言从不同角度诠释了"笨鸟先飞"的核心——承认不足而加倍努力,通过早行和坚持超越局限。无论是治学、修身还是处世,皆是永恒智慧。

在"现代启示"部分中,确实有鲁迅说的这句话。明明鲁迅没有说过这句话,DeepSeek 为什么要说谎呢?导致这个问题的原因有两个。

首先,DeepSeek 获取的信息本身可能存在问题。当源头出现问题,后续的内容都会跟着错。例如,如果把错误的单词发音抄在笔记上,那么按照笔记复习,我们的发音自然是错的。

其次,DeepSeek 会出现一种"AI 幻觉"的错误,把可能有关联的两个事物直接联系在一起。当推理的步骤越多,它越容易出现这种错误。例如,鲁迅说过类似的话,AI 就会跳过中间的联系,直接将鲁迅和这句话的大意联系在一起,认为大意就是鲁迅的原话。

所以,DeepSeek 的话并不完全保真。虽然它大部分时候不会犯错,但是我们还是要经常验证它的回答。常用验证的方式有以下几种:

(1)向多个平台的 DeepSeek 问相同的问题,对比答案,找出最可信的部分。

(2)追问答案,要求 DeepSeek 给出依据,判断回答的逻辑性。

(3)利用手头书籍进行验证。课本、字典、词典具有更强的权威性,都可以用来验证答案。

(4)向老师求助,验证 DeepSeek 回答的正确性。

例如,追问 DeepSeek"所谓天才,不过是每天积累成才"的出处,来验证回答的正确性。提问如下:

问:"所谓天才,不过是每天积累成才。"出自鲁迅哪篇作品?
答:您提到的这句话"所谓天才,不过是每天积累成才"并非直接出自鲁迅的原文,而是对鲁迅相关思想的现代转述或概括性总结。鲁迅确实在作品中多次强调勤奋和积累的重要性,但原句表述有所不同。

> 鲁迅原句考据
> 鲁迅在杂文《未有天才之前》(1924年)中写道:
> "哪里有天才,我是把别人喝咖啡的工夫都用在工作上的。"
> (收录于《鲁迅全集·华盖集》)
> ……

利用DeepSeek的回答,我们马上就推翻了它原来的回答,并且获得了"正确"的名言。对于这句名言,我们还需要进行确认。例如,让DeepSeek提供《未有天才之前》的全文,检验其中是否有那句名言。

所以,"尽信书不如无书"对于DeepSeek同样适用。

1.2.3 终极秘籍:健康学习获得王者成就

自从使用了DeepSeek,希希重拾学习的信心。每天回到家之后,她就抱着手机,与DeepSeek讨论各种学习问题。除了作业还写在纸上,其他的所有学习任务都被她转移到了手机上。她的成绩快速提升,但是她的眼镜度数也在飙升。大夫已经警告了三次,要是再不控制每天使用电子设备的时间,她很快就会高度近视了。

DeepSeek为很多同学打开了一扇学习的大门。通过DeepSeek,大家可以获取更多的知识,以更轻松的方式掌握。但是,使用DeepSeek就不得不接触电脑或者手机。长时间使用这些电子设备,视力很容易受到影响,甚至导致近视。

为了身体的长久健康,我们需要调整使用DeepSeek的方式。

控制连续使用电子设备的时长。在使用之前,可以准备一个番茄钟，设置25分钟的定时。使用DeepSeek 25分钟后，休息5分钟。站起身四处走走，或者眺望窗外。休息过后，再进行25分钟的DeepSeek使用。

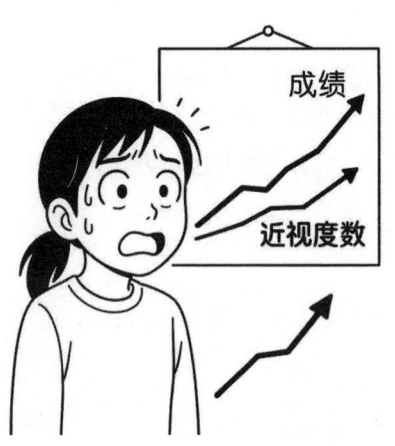

将电子设备设置为护眼模式。例如，开启显示器的护眼功能，减少对眼睛的刺激。如果使用手机设备，可以在App的设置中找到"主题设置"选项或者"颜色主题"选项，将其改为"深色模式"。另外，晚上使用手机时最好开着灯，保持自己处在明亮的环境中。

把DeepSeek的回答打印出来。DeepSeek每个回答的左下角都有一个复制按钮 。只要点击该按钮，然后把内容粘贴到一个文档中便可进行打印。这样，我们就能在纸上进行学习，而不用长时间盯着电子屏幕了。

第 2 章 快速上手 DeepSeek

了解 DeepSeek 之后，我们开始尝试 DeepSeek 的使用。在这个过程中，我们将经历选择 DeepSeek 平台进行第一次尝试，如何快速输入，如何快速找到关键信息。本章会逐一解决这些问题，让大家快速上手 DeepSeek。

2.1 三步成为操作达人

DeepSeek 看起来简单，但是新手还是会遭遇各种问题。例如，该选择哪家公司的 DeepSeek 服务，如何找到自己曾经提过的问题，如何让 DeepSeek 理解我们的意思。这些问题都将在三步内搞定。

2.1.1 选择平台注册账号

随着 DeepSeek 开源之后，很多公司都搭建了 DeepSeek 服务。我们可以在电脑上使用这些服务，也可以在手机上使用。这个时候，我们就面临一个选择问题，在哪种设备上使用哪家公司提供的服务？这里详细讲解这两个问题。

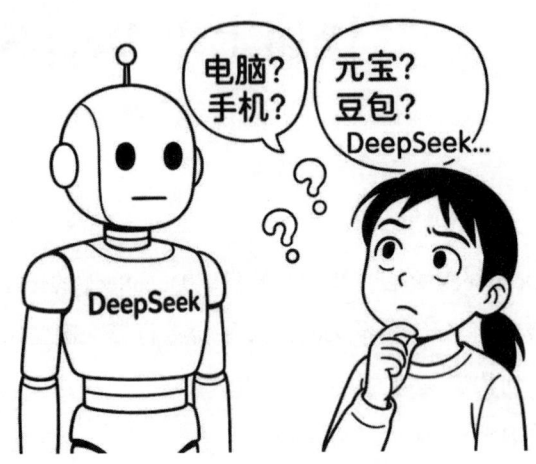

1. 电脑 VS 手机

在电脑和手机上，我们都可以使用各家公司提供的 DeepSeek 服务。在电脑上，可以通过浏览器直接访问这些公司提供的网页，也可以安装对应的电脑端客户端工具。在手机上，通过安装对应的 App 访问 DeepSeek 服务。

两者相比，电脑有更大的屏幕，便于浏览 DeepSeek 的回答。DeepSeek 的回答都比较长，在手机上显示会有好几屏，不利于阅读。如果需要整理 DeepSeek 的回答，用于制作错题本、思维导图以及打印资料，在电脑上操作更为方便。手机的优势在于可以随身携带，能随时随地使用。

幸好，大部分公司的 DeepSeek 同时支持在电脑上和手机上使用，并且两个设备的数据共享。在电脑上与 DeepSeek 对话，也能在手机上查看。所以，我们可以把两者结合起来使用。整理资料时，在电脑上访问；快速复习时，在手机上访问。

2. DeepSeek 官方 VS 元宝、百度等第三方

除了 DeepSeek 官方，各大公司也提供了 DeepSeek 服务，如腾讯的元宝、百度的 AI、360 的纳米搜索等。每家公司都会加入不同的数据，导致各家 DeepSeek 对同一个问题给出的答案不同。这就导致每家的 DeepSeek 带给我们的感受是不同的。

为了便于验证回答的正确性，我们最好注册至少两个平台的账号。这里推荐先注册一个官方平台账号，再注册一个腾讯元宝账号。腾讯元宝集成了更多教育类的知识，作为我们的主力平台。官方平台作为辅助平台，用来验证回答的正确性。

我们在手机上安装官方的 DeepSeek App 和腾讯的腾讯元宝 App，然后打开这两个 App，按照提示注册账号即可。在电脑上访问 DeepSeek 官方网站、腾讯元宝的官网，分别登录手机上注册的账号，就能实现两个设备的数据同步。

2.1.2　认识核心界面

访问 DeepSeek 官网，进入主页面。单击"开始对话"按钮，跳转到对话页面，登录账号后，如图 2.1 所示。在该页面中，左侧部分为对话列表，右侧为对话窗口。我们在右侧的文本框中输入问题，文本框右下角的向上箭头按钮变成蓝色后，就可以提交问题了。这里介绍三个使用技巧。

图 2.1　DeepSeek 官方的对话页面

1. 使用深度思考模式

在提问时，如果选择"深度思考"选项，就进入深度思考模式。在这种模式下，DeepSeek 会进行更多的推理，能解决更复杂的问题。缺点是，它回答的速度变慢。如果我们只是询问一个基础知识，不用开启这个功能，如单词 language 的发音、圆面积的公式、《长相思》的作者等。如果我们要询问一个复杂问题，就需要开启这个功能，如学好英语的方法、数学题目的多种解法、分析一篇作文题目等。

2. 使用联网搜索模式

由于 DeepSeek 训练于 2024 年，所以它并没有掌握最新的知识。如果我们要获取新的信息，就需要选中"联网搜索"选项。这样，

DeepSeek 的回答中就会包含最新信息。这样做的缺点是，回答的质量可能不稳定，毕竟网上信息的质量参差不齐。通常，我们不需要开启这个功能。

3. 巧用对话列表

当我们提出第一个问题时，对话列表就会显示一个对话，DeepSeek 会从问题中提取关键字作为对话的标题。每次打开 DeepSeek，默认都会创建一个对话，所以会有长长的对话列表。如果想让 DeepSeek 的回答变得更有针对性，就得用好对话列表。

首先，在提问时启用"深度思考"选项。然后，把同类问题放在同一对话中提出。例如，经常提问单词的用法，就把这些提问放在一起。在开始时，我们可能会因为发音、词义、例句问三次。当问的次数多了，DeepSeek 掌握了我们的提问习惯和需求，就会一次性回答所有问题，从而节省时间。这也是 DeepSeek 强大的地方。如果我们要问不同类型的问题，则单击"新建对话"按钮，开启一个新的对话。

慢慢地，我们就形成一系列的对话，如英语单词提问、英语语法提问、数学几何提问、语文文言文提问、语文作文提问等。为了方便后期查找，可以重命名这些提问。把鼠标指针放在对话名上，然后单击右侧的三个点按钮，单击"重命名"命令，输入新的名字即可。另外，对于不需要保留的对话，也可以通过对话右侧的三个点按钮进行删除。

访问其他公司的 DeepSeek 服务，可能会有所差异。例如，访问腾讯元宝官网，登录对应的账号后，进入类似的对话界面。在使用时，首先从提问框下的第一个下拉列表中选择 DeepSeek 选项，否则使用的就是腾讯的混元服务了。

在手机上操作时，只要打开对应的 App 就能开始提问。与在电脑上操作不同的是，手机上的对话列表被隐藏到了左侧，需要点击左上角的两条线按钮才能显示对话列表。在这里，点击对话项目就能切换到对应的对话继续提问。长按对话项目，能对其重命名或者删除。

2.1.3　第一次提问实战

基本了解 DeepSeek 之后，我们就开始第一次提问实战。在此之前，大家可能已经用过很多次。但是，由于没有掌握 DeepSeek 的机制，获取优质回答更多的是碰运气。下面以一个数学常见问题来讲解 DeepSeek 提问方式。

第2章 快速上手DeepSeek

> 🐋 问：我是一名初中生。请分步讲解二元一次方程解法。

在提问中，"我是一名初中生"用来说明提问者的身份，DeepSeek会以此为依据决定讲解的难度；"分步"强调讲解的形式；"二元一次方程解法"指定提问的核心点。开启"深度思索"选项进行提问。

> 🐋 思考过程：嗯，用户是一个初中生，想要分步学习二元一次方程的解法。首先，我得回想一下自己当初学这个的时候是怎么理解的，可能需要从基础开始讲起，确保步骤清晰，没有跳步，避免使用太专业的术语，用更口语化的方式解释。

根据我们提供的身份，DeepSeek进行思考：需要从哪里开始讲起，要回避哪些问题，才能让回答适合初中生阅读。这也是我们明确身份的重要性。在一个对话中，只要声明一次身份即可。

> 🐋 首先，得确认用户是否知道什么是二元一次方程。可能得先简单介绍一下，比如有两个未知数，最高次数是一次的方程。然后，二元一次方程组通常有两个方程，需要同时满足，解就是找到同时满足这两个方程的 x 和 y 的值。

我们提供的身份比较笼统，并不能明确对二元一次方程的掌握情况，所以 DeepSeek 进行假设。如果这里的假设与我们的实际偏离比较大，则回答就不会适合我们。这时，单击提问框的提问按钮停止回答，重新进行提问，补充信息，如"我学习了二元一次方程的概念"。

> 接下来，常用的解法有两种，代入消元法和加减消元法。应该先讲代入消元法，因为可能更直观一些。比如，从一个方程中解出一个变量，比如用 x 表示 y，或者用 y 表示 x，然后代入另一个方程，这样就能消去一个未知数，变成一元一次方程，解出来之后带回求另一个变量。

DeepSeek 想到两种求解方法，并思考讲解顺序，应该先讲解简单的一种——代入消元法。

> 然后是加减消元法，可能更适合当两个方程中某个变量的系数相同或相反的时候，直接相加或相减消去一个变量。这时候需要举例说明，比如系数相同的话直接相减，系数相反的话相加，或者通过乘以某个数让系数变成相同或相反，再进行加减。

接着，DeepSeek 思考加减消元法的适用场景、讲解形式。

> 需要注意的是，讲解的时候要分步骤，每个步骤都要明确，比如第一步：整理方程，确保两个方程都是标准形式；第二步：选择消元的方法，代入或加减；第三步：解一元一次方程；第四步：回代求另一个变量；第五步：验证解是否正确。

由于我们要求分步讲解，DeepSeek 将解法分解为多个步骤。

> 另外，应该提醒学生注意常见的错误点，比如符号错误，代入时忘记括号，或者加减的时候出错。可能还需要举例说明，用具体的例子一步步演示，这样更容易理解。比如，举一个实际的方程组，分步代入或加减，详细展示过程。
>
> 还要考虑到初中生的数学基础，可能需要强调等式的基本性质，比如两边同时加减乘除同一个数，等式仍然成立。可能还需要解释为什么可以通过消元来解方程，因为目标是减少未知数的数量，使问题变得更简单。
>
> 最后，可能需要总结一下两种方法的适用情况，让学生根据题目特点选择合适的方法。同时，做一些练习题目来巩固，并检查是否真正掌握。
> 总之，讲解要循序渐进，步骤分明，结合例子，语言简单明了，避免过快的跳跃，确保学生能够跟上思路，并自己动手练习。

最后，DeepSeek 基于我们声明的学生身份，思考需要强调哪些内容，如常见错误点、两种解法的适用场景、学生的基础等。下面来看它的具体回答,如图 2.2 所示。

> 好的!二元一次方程是含有两个未知数(通常用 x 和 y 表示),且未知数的次数都是 1 的方程。解二元一次方程组的目标是找到同时满足两个方程的 x 和 y 的值。以下是两种常用方法的详细步骤:
>
> **方法一:代入消元法**
>
> **核心思想**:将一个方程中的一个变量用另一个变量表示,代入另一个方程消元,转化为一元一次方程。
>
> **示例方程组**:
>
> $$\begin{cases} x + y = 5 & (1) \\ 2x - y = 1 & (2) \end{cases}$$
>
> **步骤**:
>
> 1. 选一个方程解出一个变量
>   例如从方程 (1) 解出 x:
> $$x = 5 - y$$
>
> 2. 将表达式代入另一个方程
>   将 $x = 5 - y$ 代入方程 (2):
> $$2(5 - y) - y = 1$$
>
> 3. 解一元一次方程
>   展开并整理:
> $$10 - 2y - y = 1 \Rightarrow 10 - 3y = 1 \Rightarrow -3y = -9 \Rightarrow y = 3$$
>
> 4. 回代求另一个变量
>   将 $y = 3$ 代入 $x = 5 - y$:
> $$x = 5 - 3 = 2$$

图 2.2 DeepSeek 的部分回答

在回答中,DeepSeek 先解释了什么是二元一次方程,然后依次讲解代入消元法和加减消元法,接着给出特殊情况处理方式,最后给出两条练习建议。由于篇幅限制,部分内容没有在图 2.2 中展示。

所以,要想获得优质的回答,我们不仅要清晰描述自己的问题,还要说明自己掌握了哪些相关知识,以及内容的形式。当然,这些要求不需要一次性提出,也能以逐步追问的形式提出。形式如下:

> 问：请讲解二元一次方程解法。
> 答：XXXX
> 问：以分步的形式重新讲解。
> 答：XXXX
> 问：从初中生的角度重新讲解。
> 答：XXXX

总之，如果我们觉得 DeepSeek 的回答不符合要求，就可以通过分析它的思考过程了解它的想法，然后有针对性地追问，直到得到满意的回答。

2.2 三秒提问绝招：不用打字也能问

使用 DeepSeek 时，我们会发现，提问也是一件很麻烦的事情。尤其在手机上，一分钟只能输入十几个汉字。如果输入的内容中包含英文、数字，那速度就更慢了。要解决这个问题，只需要掌握以下三个绝招。

2.2.1 动动嘴就能问：语音输入法神操作

平时聊天时，我们打字飞快。但是，在向 DeepSeek 提问时，却会觉得自己的手速还是不行，要是多一只手就好了。要想得到 DeepSeek 更好的回答，需要把问题描述得尽可能详细，这就需要我们输入几十个甚至上百个字。

要解决这个问题,我们可以尝试语音输入。在电脑上,大部分的输入法都自带语音输入功能。例如,开启搜狗输入法后,单击输入法的工具条中的 S 字母,再单击菜单中的语音输入,就能对着麦克风用语音方式输入文字了。

在手机上,语音输入更为简单。点击提问框,找到麦克风标志,点一下就可以切换为语音输入。语音输入完,检查内容的正确性,然后就可以提交问题了。

对于简单的数学式子,直接读出来。例如,3+28×(21+4)读成"三加上二十八、乘以、括号、二十一加上四、括号",DeepSeek 能自动识别。即使对于复杂的数学符号,也可以直接语音输入,如根号($\sqrt{}$)、垂直($\perp$)、平行($\parallel$)。

2.2.2 一拍即问：拍照上传题目

看书时或者做作业时，我们遇到的问题往往是针对纸上的内容。这时候，我们就有了更快捷的方式——拍照上传。例如，做作业时遇到一个题目求解不出来，打开手机上对应的 App，点击提问框旁边的加号，从中选择"拍照识文字"或者"拍摄"按钮，打开拍摄功能。

调整手机和书本的距离，让题目处于拍摄框的正中间，并保持字迹清晰，然后点击拍摄按钮。确认拍摄效果没问题，点击对钩按钮，就把图片提交给 DeepSeek 开始提问。如果图片包含多个题目，则需要说明问的是哪个问题，如"我要问的是图中的第三题"。在使用这个功能时，同样存在三个技巧。

1. 电脑上的拍照问题

由于手机 App 和电脑上可以使用相同的账号，所以我们在手机上的提问也会同步到电脑上。当我们想在电脑上提问时，可以直接使用手机提问。这样，就不用给电脑配置摄像头，也不用手机拍照后把图片再传到电脑上了。

2. 简化复杂式子的输入

如果问题中涉及比较复杂的数学、物理、化学式子等，很难用语言描述清楚。这时候，我们可以把这些式子写到纸上，通过拍照形式提交给 DeepSeek，然后就可以提问了。

3. 处理多张照片问题

有的时候，题目可能刚好跨页，一半题目在前一页，一半题目在后一页。这就需要提交多张图片。DeepSeek 官方支持一次提交多张图片,可以直接提问。但是,腾讯元宝只支持一次提交一张图片,我们需要修改提问方式。

首先,将第一部分拍照,上传到 DeepSeek,然后提问,并说明情况。提问如下:

> 问:这是我上传的第一张图片,后续还有图片,你先不要回应。

这时,DeepSeek 会接收图片,识别内容,但不会回答问题,等待接收后续图片。然后,把第二部分拍照上传给 DeepSeek,进行提问。提问如下:

> 问:这是我上传的第二张图片。图中第三题该如何求解?

这时,DeepSeek 会识别第二张图片的内容,并结合第一张图片的内容从中找到第三题,开始回答我们的问题。

2.2.3 文件秒传:电子版作业直接问

这个学期,老师发了一百页的练习题文档,供大家自测。希希每次做完之后,都要把题目问一遍 DeepSeek,看看有没有更好的解法。为此,希希每天都要在手机上划拉大半天,找题目,然后复制、粘贴。操作一次需要几分钟,费时费力,还容易复制错。希希心想,难道没有更简单的方法吗？

学习时，我们经常会使用电子版的各种学习资料，如语文的阅读材料、英语单词词汇、数学习题集。遇到问题时，可以把其中的一部分复制出来，提交给 DeepSeek。当文档比较大或者复制的内容比较多时，复制、粘贴就变得很麻烦。这个时候，可以直接使用 DeepSeek 的文档处理功能。

（1）在手机上，点击提问框旁边的加号，选择"本地文件"或者"文件"功能上传文档。在电脑上，单击提问框旁边的曲别针按钮🔗或者向上箭头按钮⬆，开始上传文档。

（2）指定要提问的内容。由于 DeepSeek 对页码识别不精确，我们根据页码指定内容后，一定要输出进行验证。

> 问：输出一下这个文档的第 13 页的第 5 题。

如果输出的内容不对，需要重新指定，直到输出的内容正确。

（3）基于这个内容进行提问。提问方式如下：

> 问：对于你输出的这个题目，该如何求解？

如果我们要经常针对文档提问，可以专门创建一个对话，将其命名为"XXX 文档讨论"。需要提问时，直接打开这个对话，从而避免了每次都要重新选择文档再次上传。

2.3 快速拆解长回答：三招告别信息过载

为了准确回答提问，DeepSeek 给出的回答都很长。这给我们每个人都造成了很大压力，尤其是不擅长阅读的同学。本节讲解三个技巧，用来拆解 DeepSeek 的长回答，方便大家更轻松地掌握关键信息。

2.3.1 生成简化版：一键提取核心要点

深夜的台灯下，希希盯着物理课本上的欧姆定律发愁。无奈之间，她试探着向 DeepSeek 进行求助，希望了解它是如何推导出来的。结果，瀑布般的文字倾泻出来，占据了好几屏幕。看着众多步骤，希希更迷糊了。

DeepSeek 的回答以详尽著称。每次回答少则几百字，多则上千字。这会给我们带来巨大的心理压力和阅读负担。但为了解决问题，我们只能无奈接受。更倒霉的是，有时，阅读完才发现，DeepSeek 回答的内容并不是我们想要的。所以，在具体阅读之前需要先提取核心要点进行验证。

例如，希希向 DeepSeek 求助欧姆定律的推导过程，提问如下：

> 问：我是一个初中学生。你帮我推导一下欧姆定律。
> 答：好的，让我们一步一步来推导欧姆定律。欧姆定律是电学中最基础的规律之一，它描述了电压、电流和电阻之间的关系。以下是推导过程：
> 一、核心概念回顾
> 1. 电流（I）：单位时间内通过导体横截面的电荷量，单位是安培（A）。

2. 电压（V）：推动电荷流动的"动力"，单位是伏特（V）。
3. 电阻（R）：导体对电流的阻碍作用，单位是欧姆（Ω）。

二、实验观察与假设
……
三、数学推导
……
四、公式变形
……
五、注意事项
……
六、举个例子
……

希望这个推导过程能帮助你理解欧姆定律的本质！如果有疑问，可以随时问我哦~☺

DeepSeek 的回答分为六个部分，超过 800 字。在具体阅读之前，希希可以让 DeepSeek 生成一个简化版的回答，提问如下：

问：请用两句话概括推导过程。
答：通过实验发现，导体中的电流与两端电压成正比（$I \propto V$），与电阻成反比（$I \propto 1/R$），结合两者得出欧姆定律公式 $I = V/R$，验证后比例常数简化为 1。

通过这七十多个字，希希快速验证，这确实是自己想要的内容。并且，通过这个简单信息，希希也能捋清楚推导的脉络，即寻找电流和电压的关系、电流和电阻的关系。基于这个脉络，希希阅读前面的"长篇大论"也会变得轻松。

所以，遇到 DeepSeek 的长篇大论，先不要急着阅读，先看一个简化版，然后再决定是否需要看完整版。说不定，我们看完简化版就能找到问题的答案呢。

2.3.2 生成表格：把知识装进格子里

在学习中，我们经常要将多个知识点进行对比。在语文科目中，对比各种形似字，如"己""已"和"巳"；在数学科目中，对比各种解法的差异，如因式分解法、配方法、公式法；在英语科目中，对比各种介词的区别，如 on、onto、above。

对于这类问题，DeepSeek 都会逐条给出长长的一系列回答。虽然内容详尽，却不方便对比阅读。例如，我们想区别"己""已"和"巳"之间的不同，提问如下：

> 问：对比"己""已""巳"三个字的不同。
> 答："己""已""巳"三个汉字在字形、字音、字义上都有区别，容易混淆，以下是具体对比：
>
> 一、字形对比
> 1. 己（jǐ）
>   - 结构：第三笔的竖弯钩不封口，整体呈开口状。
>   - 写法：注意最后一笔竖弯钩的收笔处留空，不闭合。

2. 已（yǐ）
- 结构：第三笔的竖弯钩半封口，右上角微微闭合。
- 写法：竖弯钩的收笔处略向上提，形成一个小缺口，介于"己"和"巳"之间。

3. 巳（sì）
- 结构：第三笔的竖弯钩完全封口，形成一个闭合的四边形。
- 写法：最后一笔的竖弯钩与横折钩紧密闭合，不留空隙。

二、发音对比
……
三、字义与用法
……
四、记忆口诀
……
五、易错提醒
……
通过字形细节和常用词对比，可以更清晰地区分这三个字。

DeepSeek 从三个方面分别讲解这三个字，然后还给出了记忆口诀和易错提醒。虽然内容非常详尽，但不利于对比学习。这时候，我们可以要求它换成表格形式输出，提问如下：

问：采用表格的形式对比这三个字。

第2章 快速上手DeepSeek

DeepSeek 对输出形式马上做了改变，如图 2.3 所示。

以下是"己""已""巳"三个字的对比表格：

对比项	己 (jǐ)	已 (yǐ)	巳 (sì)
拼音/声调	jǐ（第三声）	yǐ（第三声）	sì（第四声）
字形特点	开口：第三笔竖弯钩不封口	半封口：第三笔竖弯钩右上角微闭合	全封口：第三笔竖弯钩完全闭合
含义	代词，指"自己"或"自身"	副词，表示"已经"或动作完成	地支第六位，对应"蛇"和"巳时"（9-11
常见用法	自己、知己、舍己为人	已经、已往、木已成舟	巳时、辛巳年、巳蛇
结构口诀	自己开口不遮掩	已经半掩门	巳时紧闭如蛇盘
易错点	易与"已"混淆，注意开口不闭合	易与"己"混写，注意半闭合	易误写为"己"或"已"，注意全闭合

图 2.3　DeepSeek 的表格输出形式

这样的表格不仅利于对比学习，还可以打印出来，贴到笔记本上，用于后期的复习巩固。另外，我们也可以让 DeepSeek 把我们收集来的内容整理为表格。例如，我们收集了文言文虚词"之"的用法，需要做成表格。提问如下：

> 问：文言文中虚词"之"的用法复杂多样，主要可分为代词、助词、动词三类，具体如下：
>
> 一、代词（充当宾语或复指成分）
> 1. 第三人称代词
>   - 译为"他 / 她 / 它"或"他们 / 她们 / 它们"，代指前文提及的人或事物。
>   - 例：
>   ◦ 学而时习之。(《论语》，"之"代指知识)
>   ◦ 闻之，欣然规往。(《桃花源记》，"之"代指此事)

> 2.指示代词
> ……
> 二、助词（标志语法结构，无实义）
> 1.定语标志（相当于"的"）
> ……
> 三、动词（实词用法）
> ……
> 将以上内容整理为表格形式。

DeepSeek 马上将其转化为表格形式，如图2.4所示。

以下是删除了"注意事项"行后的表格，其他内容保持不变：

类别	用法	解释	示例
代词	第三人称代词	译为"他/她/它"或"他们/她们/它们"，代指前文提及的人或事物。	学而时习之。（《论语》），"之"闻之，欣然规往。（《桃花源记》
	指示代词	译为"这""此"，表近指。	之二虫又何知？（《逍遥游》）
助词	定语标志	连接定语与中心语，表修饰关系，相当于"的"。	以子之矛，攻子之盾。（《韩非子》）小大之狱，虽不能察。（《曹刿论战》）
	取消句子独立性	置于主谓结构之间，使句子转为短语，充当主语、宾语或状语。	孤之有孔明，犹鱼之有水也。（）臣以王吏之攻宋也，为与此同类。
	宾语前置标志	在倒装句中，强调宾语，常与疑问代词"何"搭配。	何陋之有？（《陋室铭》），即"有句读之不知，惑之不解。（《师说》
	补足音节	无实义，仅调节语句节奏。	久之，目似瞑。（《狼》）怅恨久之。（《陈涉世家》）
动词	实词用法	译为"到……去"，后接地点名词。	吾欲之南海，何如？（《为学》）辘辘远听，杳不知其所之也。（）

表格内容已按要求调整完毕。

图2.4　DeepSeek 整理后的表格内容

遇到有对比性质的内容，我们都可以借助 DeepSeek 将其转化为表格，以方便阅读。

2.3.3 关键词高亮：快速定位核心词

读书时，我们经常会边阅读边标注。例如，把重点词圈起来，在关键句下画线。通过这种方式，我们能快速地找到关键内容。面对 DeepSeek 给出的回答，我们也可以提出类似的要求。例如，让 DeepSeek 输出《岳阳楼记》，并把全文中的虚词标记出来。提问方式如下：

> 问：输出一下《岳阳楼记》，将所有的虚词前面加一个星号★，但不要在后面加星号★。
>
> 答：以下是《岳阳楼记》的全文，其中所有的虚词前面加上一个星号★，但后面不加星号★：
>
> 岳阳楼记
>
> 庆历四年春，滕子京谪守巴陵郡。越明年，政通人和，百废具兴。★乃重修岳阳楼，增其旧制，刻唐贤今人诗赋★于其上。属★予作文★以记★之。
>
> ★予观夫巴陵胜状，★在洞庭一湖。衔远山，吞长江，浩浩汤汤，横无际涯；朝晖夕阴，气象万千。★此则岳阳楼之大观也，前人之述备矣。★然则北通巫峡，南极潇湘，迁客骚人，多会★于此，览物之情，得无异乎？
>
> ★若夫霪雨霏霏，连月不开，阴风怒号，浊浪排空；日星隐

曜，山岳潜形；商旅不行，樯倾楫摧；薄暮冥冥，虎啸猿啼。登斯楼也，★则有去国怀乡，忧谗畏讥，满目萧然，感极★而悲者矣。

★至若春和景明，波澜不惊，上下天光，一碧万顷；沙鸥翔集，锦鳞游泳；岸芷汀兰，郁郁青青。★而或长烟一空，皓月千里，浮光跃金，静影沉璧，渔歌互答，★此乐何极！登斯楼也，★则有心旷神怡，宠辱偕忘，把酒临风，★其喜洋洋者矣。

嗟夫！★予尝求古仁人之心，★或异二者之为，何哉？★不以物喜，★不以己悲；居庙堂之高★则忧★其民；处江湖之远★则忧★其君。★是进★亦忧，退★亦忧。★然则何时★而乐耶？★其必曰"先天下之忧★而忧，后天下之乐★而乐"乎。噫！微斯人，吾谁★与归？

……

通过标记，我们能快速地找到文中的所有虚词。根据回答内容的类型，我们可以要求 DeepSeek 进行各种标注，如标注解题过程的核心步骤，标注概念解释的核心词，标注英语主从句中表示关系的各种标记等。

第 3 章 预习阶段：三步锁定新课核心

有效的学习从预习阶段开始。预习不仅能巩固记忆，还能提升上课效率。但是，由于缺乏足够的指导，大部分同学的预习只有形式。现在有了 DeepSeek，我们就能实现有实质的预习了。每次预习时，我们要创建一个单独的对话。这样，DeepSeek 就能针对性地提出更多解释。

3.1 预习范围设置三步法：让 AI 秒懂你的课本

在开始预习时，不仅自己要明确预习的范围，还要让 DeepSeek 明确这个范围。这样，DeepSeek 才能给出更有针对性的回答，帮助我们更好地完成预习任务。根据预习范围的清晰程度，可以用以下三种方式告诉 DeepSeek。

3.1.1 照抄课本目录法：按图索骥最精准

对于语文、数学、物理等科目，课本划分比较清晰。大部分老师会按照固定的顺序和节奏讲解。例如，语文的一篇课文讲两堂课，数学的一个小节（如 2.1.1）也讲两堂课。根据过往规律，我们能很容易判断出老师要讲解课本中的哪个章节。

例如，数学老师明天要讲解有理数的乘法，对应目录中的"2.2.1 有理数的乘法"。把这个标题告诉 DeepSeek，它就知道我们要预习的内容有哪些。告诉方式如下：

> 问：我要预习人教版七年级数学下册的"2.2.1 有理数的乘法"。

在提问时，我们可以把目标说得更详细，如教材的出版社、版本、对应的年级和科目。详细的说明有利于 DeepSeek 生成更精准的回答。

> 答：人教版七年级数学下册"2.2.1 有理数的乘法"预习总结
>
> 一、乘法法则
> 1. 符号法则：
> - 同号得正：正数 × 正数 = 正数，负数 × 负数 = 正数。
> - 异号得负：正数 × 负数 = 负数，负数 × 正数 = 负数。
> - 零的乘法：任何数 ×0=0。
>
> ……
>
> 五、实际应用举例
>
> ……
>
> 六、易错点提醒
>
> ……
>
> 七、练习题（自测）

> ……
> 通过以上内容,可以系统掌握有理数乘法的规则和应用,建议结合教材例题和习题巩固练习。

DeepSeek针对"2.2.1 有理数的乘法"生成一个预习总结,内容包括核心知识点、实际应用举例、易错点提醒和自测练习题。对照课本,我们可以快速验证这个总结的正确性。

3.1.2 随手一拍定范围:课本拍照智能识别

很多时候,老师并不按照课本顺序讲解内容。例如,在讲解每个单元时,英语老师可能先讲解Section A,然后讲解Section B,最后再讲解Section A中的Pronunciation。这时候,无法通过目录来精准设定预习范围。遇到这种情况,只能采用拍照的形式。这里以七年级英语上册单元3中Section A的Pronunciation为例进行分析。

首先,把书翻到要预习的部分,展开并压平,然后使用手机拍照,确保照片里面的字迹清晰,最后提交给DeepSeek,指定预习的范围。提问方式如下:

> 问:这是明天英语老师要讲的内容。我现在要做预习。
> 答:根据图片内容,我将为你梳理预习重点,并提供分步学习方法建议:
> 一、发音预习重点(Pronunciation)
> 1. 核心音标对应:
>   • a ➔ /æ/(cat, map)

- e ➜ /e/（bed, pet）
- i ➜ /ɪ/（pig, sing）
- o ➜ /ɒ/（hot, dog）
- u ➜ /ʌ/（cup, duck）

2. 发音对比练习：

注意区分易混淆音标：

/æ/ vs /e/：对比 cat（猫）和 pet（宠物）

/ɪ/ vs /i:/：对比 it（它）和 Chinese（中国人）

/ɒ/ vs /əʊ/：对比 pot（壶）和 note（音符）

二、单词分类技巧

……

三、韵文学习建议

……

四、预习步骤建议

……

五、课堂可能延伸内容

……

建议重点预习发音规律和韵文节奏，这些通常是课堂示范的重点。可以提前准备 2-3 个发音问题（如区分 /æ/ 和 /e/ 的方法），便于课堂提问。

DeepSeek 完全按照图中内容进行分析，然后给出详细的预习建议，包括知识要点、预习步骤、课堂延伸的内容。根据这些内容，我们就能准确圈定预习内容。

这种方法也适合 DeepSeek 无法根据章节编号准确识别预习范围的情况。例如，我们使用的最新版的课本，DeepSeek 还不了解课本的内容结构。这时候，便只能使用手机拍下所有要预习的内容，然后提交给 DeepSeek。

3.1.3 盲猜知识点法：AI 侦探上线

有的时候，为了帮助我们更好地理解某个主题，老师可能会将不同章节中的内容整合在一起讲解。但老师只会告诉我们下节课要讲某某知识点，而不会明确说明具体讲课本中的哪几页内容。这样，我们便无法使用前面两种方法来指定预习范围，只能把知识点的关键词告诉 DeepSeek，然后让它收集相关的信息。

例如，英语老师准备明天集中讲解时间介词的使用。为了更好地预习，我们把关键词"时间介词"告诉 DeepSeek，让它整理出一个预习方案。提问方式如下：

> 问：我是一个初中学生。明天英语老师要讲解时间介词。我现在要预习准备一下。
>
> 答：为了帮助你预习时间介词，以下是清晰的总结和练习，助你轻松掌握：
>
> 时间介词用法总结
>
> 1. at
>   - 具体时间点：at 3：00 PM, at noon, at midnight
>   - 固定搭配：at night, at the weekend（英式）, at Christmas（整个圣诞期间）
> 2. on
>   - 具体某一天：on Monday, on July 5th
>   - 某天的某时段：on Tuesday morning, on the evening of May 1st
>   - 特定节日 / 日期：on Christmas Day, on my birthday

3. in
- 较长时间段：in October, in 2024, in summer
- 一天中的部分：in the morning/afternoon（但具体某天用 on，如 on Monday morning）
- 时间段后：in a week（一周内），in two hours（两小时后）

易错点提醒

……

练习题（答案在最后）

……

小技巧

……

预习完这些，明天上课时你就能自信参与讨论啦！加油！

DeepSeek 总结了初中阶段最常用的三个时间介词，然后进行了简要分析，并给出练习题和学习小技巧。这些都能作为我们预习的目标内容。

对比这三种方式，课本拍照方式最为精准，其次是通过目录编号进行指定，最后是通过关键词指定。无论哪种方式，我们都需要提前从老师那里了解下节课的讲解内容。只有这样，才能让 DeepSeek 提供精准的预习辅导。

3.2　快速预习秘籍：三步抓住核心

要想高效预习，需要明确目标，提前了解预习的大致内容，筛选掉过往知识，把时间和精力集中在重点和难点内容上。DeepSeek

可以帮我们轻松完成这些任务。

3.2.1 知识压缩包：三分钟听 AI 串讲

希希是个勤奋的初中生，晚上她决定预习第二天物理课上老师要讲的内容。拿起课本，她就开始逐字逐句地看"8.1 牛顿第一定律"。从阻力对物体的影响到牛顿第一定律，再到惯性，希希看得迷迷糊糊。20 分钟的预习时间结束后，她看着"练习和应用"中的习题一阵疑惑：这些和牛顿第一定律有什么关系？

预习的时候，我们存在很多迷惑。例如，为什么要讲这个内容？这个概念怎么理解？这个实验的目的是什么？这些困惑一直萦绕在整个预习过程中，让我们不仅觉得预习很无趣，还严重降低了预习效率。造成这个问题的原因是对内容缺少一个整体了解。

例如，要预习"8.1 牛顿第一定律"，就需要提前知道这节课大致讲什么，可能出现哪些关键词。有了一个基本了解，我们就能在大脑中搭建出一个轮廓。每读到一个内容，便会自动将其安放在这个轮廓中。

这就像我们进公园游玩，先在门口处看公园地图，大致了解公园的布局。进入公园，每当看到一个景点，就会与大脑中的公园地图做一个对应，就知道旁边还有哪些有趣的景点。如果需要买点零食，也能快速找到。

这就是"先见森林，再见树木"的好处。所以，在预习开始之前需要大致了解这节课要讲什么。以前，我们会花上三分钟把内容大致看一遍。这样的了解不仅粗糙，还容易遗漏重要内容。现在，我们可以让 DeepSeek 来完成这个工作，提问如下：

> 问：对这节课要讲解的内容进行总结，控制在 100 个字以内。

> **注意：**
>
> 提问之前，必须按照前面的方法指定预习范围。

> 答：这节课主要讲解牛顿第一定律（惯性定律）：物体在没有外力作用时保持静止或匀速直线运动。惯性是物体保持运动状态的性质，解释了生活中的现象如汽车刹车时乘客前倾。通过实验和推理，伽利略和牛顿揭示了力与运动的关系。课程还涉及惯性的应用与防范措施。

有了这个介绍，我们的目标就明确了，预习时也更容易理解细节。同时，知道了内容的背景和意义之后，我们对内容更感兴趣了。

3.2.2 查漏补缺清单：先复习才能学得快

预习数学的二次函数时，希希发现这部分的内容太难了，到处都是看不明白的术语和推导。为此，她标记了一堆的问号。第二天，希希听完课后，还是稀里糊涂。老师只讲解了一部分，其他的都一笔带过。这时，她才明白，预习时看不懂的很多内容并不是新内容，而是上个学期就学过的，只是她忘记了。

在预习时，我们经常会发现，有的章节很简单，有的章节很复杂，难易差别像坐过山车一样。但实际上并非如此。例如，在数学科目中，每个单元的难度逐渐增加，但难度差异是均匀的。我们"坐过山车"的感受更多来自于基础掌握不牢靠。

例如，预习二次函数内容，需要先掌握坐标系、函数概念、一次函数、二元一次方程、图像与方程等知识点。这些知识都是几个月前甚至一年前学习的。一旦忘记，就很容易把它们当作新知识。

这就导致预习花费了更多的时间，却预习不彻底。等到上课时，又因为没有掌握老知识而无法理解新知识。所以，在预习的时候，我们不仅要区分新旧内容，还要复习新内容所依赖的旧内容。这个筛选工作可以交由 DeepSeek 来完成。

例如，让 DeepSeek 筛选"8.1 牛顿第一定律"中的新旧内容，并列出学习新知识所必备的旧知识。提问如下：

问：在这部分内容中，哪些内容是新学的，哪些是学过的。要学好新内容，我要先掌握哪些内容？

答：在你预习的内容中，以下是你可能已经学过和将要新学的内容：

已学过的内容：

1. 力的基本概念：你可能已经学过力的定义和基本类型（如重力、摩擦力等）。
2. 运动和静止的概念：你可能已经了解物体运动和静止的基本概念。
3. 简单的实验观察：你可能已经通过实验观察过物体在不同条件下的运动情况。

新学的内容：

1. 牛顿第一定律（惯性定律）：这是新的核心概念，指出物体在没有外力作用时会保持静止或匀速直线运动。
2. 惯性的概念和应用：惯性是物体保持运动状态的性质，这是新的知识点。
3. 伽利略的实验和推理：通过实验和逻辑推理得出运动和力的关系，这是新的内容。
4. 生活中的惯性和防范措施：如汽车安全带和安全气囊的作用，这是新的应用知识。

要学好新内容，你需要先掌握：

1. 力的基本概念：理解不同类型的力及其作用。
2. 运动和静止的基本原理：了解物体在不同条件下的运动状态。
3. 实验观察和推理能力：能够通过实验观察现象并进行逻辑推理。

通过复习这些基础知识，你将更容易理解牛顿第一定律和惯性的概念及其应用。祝你预习顺利！

DeepSeek 分别回答了哪些内容是我们学过的，哪些是我们要新学的以及必须掌握的。根据提示，我们可以先回想学过和必须掌握的内容。为了进行验证，可以让 DeepSeek 生成几个测试题，提问如下：

问：为了验证我对"需要先掌握"的内容理解，你出几道测试题。题目的分析和答案一起放到最后。

答：好的！以下是几道测试题，帮助你验证对"需要先掌握"的内容的理解。题目涵盖力的基本概念、运动和静止的基本原理，以及实验观察和推理能力。

测试题：

1. 力的基本概念

    题目：下列哪种力是物体在地球表面受到的主要力？

    A. 电磁力

    B. 重力

    C. 摩擦力

    D. 弹力

2. 运动和静止的基本原理

    题目：一个物体在水平桌面上静止不动。下列说法正确的是：

    A. 物体没有受到任何力

    B. 物体受到的合力为零

    C. 物体只受到重力

    D. 物体只受到摩擦力

......

答案与解析:

1. 答案:B

   解析:物体在地球表面受到的主要力是重力,它使物体朝向地心方向加速。

2. 答案:B

   解析:物体静止不动意味着它处于平衡状态,受到的合力为零。虽然物体受到重力和支持力,但这些力相互平衡。

......

通过这些问题,你可以检验自己对基本概念的理解。如果有任何不确定的地方,可以进一步复习相关内容。祝你学习顺利!

DeepSeek 给出了 5 道题,并且按照我们的要求在最后给出了答案和分析。自测完成后,对照答案就能验证自己的掌握情况。

磨刀不误砍柴工,花上 3 分钟做一次自测是非常有必要的。它不仅能提高我们预习的效率,还能保证我们的上课质量,避免因为老知识没掌握好而影响了新知识的学习。

3.2.3 重点和难点预警雷达

希希翻开物理课本,准备预习新章节,却发现老师这次没有提示重点和难点。她皱了皱眉,心想:"只能自己找了。"她看了看目录,又翻了翻章节概述,接着瞄了眼课后习题,还注意到了一些加粗的字体和章节小结。每一项都需要仔细分析，才有机会找到真正的重点和难点。希希叹了口气，看了看表，自己只预留了 15 分钟，可要做的事情却堆积如山。时间远远不够，她心里一阵发愁，不知从何下手。

要想在有限的时间内做好预习，必须提高预习效率。例如，在预习之前明确内容的重点和难点，将时间集中在重点和难点上。可以主动询问老师获取这些内容，也可以自己提取。这就需要我们做很多的工作。现在有了 DeepSeek，我们就多了一种快捷方式。预习前，让 DeepSeek 提取重点和难点。基于前面的提问可以直接提问：

问：在我要预习的内容中，哪些是重点和难点？
答：在你预习的内容中，以下是重点和难点：
重点：
1. 牛顿第一定律（惯性定律）：

- 内容：物体在没有外力作用时会保持静止或匀速直线运动状态。
- 重要性：这是力学的基础定律之一，理解它对于后续学习其他物理定律至关重要。

……

难点：

1. 理解牛顿第一定律的抽象性：

- 难点：牛顿第一定律描述的是理想情况（无外力作用），在现实中难以直接验证。
- 解决方法：通过实验和生活中的例子来帮助理解，如滑板车在无阻力情况下的运动。

……

学习建议：

- 重点内容：确保理解牛顿第一定律和惯性的概念，掌握其在实际生活中的应用。
- 难点内容：通过多做练习题和实验观察，逐步克服理解上的困难。可以结合图示和生活中的例子来帮助理解抽象概念。

通过有针对性的预习和复习，你将能够更好地掌握这些重点和难点内容。祝你学习顺利！

DeepSeek 分别列出了预习内容中的重点和难点，并说明理由，最后还给出了学习建议。预习的时候，我们重点阅读这些内容，就能在较短的时间内实现高质量的预习了。

3.3 预习深度训练：从知道到理解

在预习中要粗读课本、练习册，掌握其中的基础内容。DeepSeek可以帮我们解答遇到的问题，扩展背景知识，提供自测题目，以及整理预习问题等。有了这些助力，我们就能更高效地完成预习任务。

3.3.1 疑点标记与急救指南

希希长出一口气，终于在规定时间内完成了预习。但是，她又有点发愁，有几处疑问还没有解决，尤其是与重点相关的两处。她站在书桌前，心里纠结不已。手中的笔在纸上轻轻敲打，仿佛在催促她做出决定。她想趁热打铁，一次性解决所有问题，但又担心时间不够，查到的资料不准确，反而影响上课听讲。可是，等到明天上课解决，她又有点不甘心。

在预习中，遇到问题该怎么办？有人说，自己解决问题不仅可以培养自学能力，还能加深对问题的理解。有人却说，等老师上课解答，因为自己解决问题花费的时间多，如果资料不准确，还容易产生误解。总结下来，自己解决问题有利有弊。

现在，我们借助DeepSeek的力量能扬长避短。首先，主动提出问题，与DeepSeek一起讨论，仍然能培养自学能力，加深对知识的理解。同时，DeepSeek只用十几秒就能给出回答，不仅节省了我们查找资料的时间，还能保证正确性。所以，在预习时出现疑点一定要标记下来，然后集中向DeepSeek提问。提问形式如下：

问：我在预习这部分内容时，存在以下疑问：
1. 太空中物体是不是不受力，一直保持惯性？
2. 什么算合乎逻辑的推理？
你能帮我们解答一下吗？

答：当然可以！以下是针对你提出的疑问的解答：

1. 太空中物体是不是不受力，一直保持惯性？

- **解答**：在太空中，物体并不是完全不受力，但它们受到的重力和其他外力通常非常小，可以近似认为物体处于"无外力"状态。根据牛顿第一定律（惯性定律），如果一个物体不受外力作用，它将保持其运动状态（静止或匀速直线运动）。因此，在太空中，物体在没有明显外力作用的情况下，会继续保持其惯性运动状态。
- **例子**：国际空间站（ISS）在轨道上绕地球运动时，虽然受到地球的引力作用，但由于其高速运动产生的离心力与引力平衡，空间站内的物体看起来像是处于失重状态，保持惯性运动。

2. 什么算合乎逻辑的推理？

- **解答**：合乎逻辑的推理是指基于已知事实和科学原理，通过合理的步骤得出结论的过程。在科学中，合乎逻辑的推理通常包括以下几个步骤：

……

总结：

- **太空中物体的惯性**：在太空中，物体可以近似认为不受外力作用，保持惯性运动状态。
- **合乎逻辑的推理**：基于观察和已知事实，通过合理的步骤得出结论的过程，是科学研究中的重要方法。

> 希望这些解答能帮助你更好地理解预习内容。如果有更多问题，随时提问！

DeepSeek 针对我们提出的问题给出解答。如果我们还是无法理解，可以继续追问。所以，在预习阶段发现疑点可以向 DeepSeek 提问。这样，不但提升了预习质量，并且培养了学习兴趣。

3.3.2 背景知识拓展站

又是一天的预习时间，希希盯着课本上的"有理数"三个字，眉头紧锁。她反复琢磨，为什么叫"有理数"？明明定义上写着是可以写成分数形式的数，这和"理"有什么关系？她翻开英文词典，发现"rational number"直译是"合理的数"。这更让她困惑了。难道这些数有什么隐藏的"合理性"？她越想越觉得不对劲。这种困惑像一团迷雾，笼罩着她的思绪，让她无法专注于眼前的预习任务。

在学习时，我们总会冒出一些"奇奇怪怪"的疑问。例如，英语字母为什么要分为大小写两种？古代的"走"为什么相当于现代的"跑"？数学中的未知数为什么被称为"元"？这些问题一旦在我们的大脑中发芽，就会疯狂生长，让我们静不下心。当我们说出这些疑惑，老师往往会说，这只是一种规定，记住就可以了，没有必要搞懂为什么。

对于这样的答复，我们很难接受，便继续寻找答案，但大部分时候都是无功而返。慢慢地，我们也就接受了这类解释，把这些问题当作可以忽略的背景知识。实际上，任何事物的存在都有一定的道理。当我们探究出原委，总能收获很多。这就像了解了地球上黄金的产生方式，就明白黄金为什么那么贵。

只是以前，我们和老师都没有太好的方式去寻找这些答案，所以只能放弃，然后找一个借口说服自己。现在有了DeepSeek，便可以很方便地找到答案，可以快速解决这些问题，找到有价值的背景知识。例如，探索有理数为什么叫这个名字，提问如下：

> 问：我是一个初中生，现在预习"有理数的概念"章节。请问，有理数明明是指可以写成分数形式的数，怎么叫"有理数"这个名字？连英文名称（rational number）中的rational都表示"合理的"呢？
>
> 答：你好！你提出了一个很好的问题。关于"有理数"这个名称的来源，确实有点让人困惑。让我们来详细解释一下。
>
> 1. 有理数的定义
>
>   有理数是指可以表示为两个整数之比（即分数形式）的数。

换句话说，如果一个数可以写成 a/b 的形式，其中 a 和 b 是整数，且 $b \neq 0$，那么这个数就是有理数。

2."有理数"名称的来源

"有理数"这个名称中的"有理"并不是指"合理"或"有道理"，而是来源于"比率"（ratio）这个词。在数学中，ratio 表示两个数的比，而 rational 这个词在拉丁语中的词根是 ratio，意思是"比"或"比例"。因此，rational number 的字面意思是"可以表示为比（分数）的数"。

3.为什么翻译成"有理数"？

在中文中，"有理数"这个翻译是从英文 rational number 来的。由于 rational 这个词在英文中既有"合理的"意思，也有"比率的"意思，而中文翻译时选择了"有理"这个词，可能是因为"有理"在中文中也有"有道理"的含义，容易让人联想到"合理"。但实际上，"有理数"中的"有理"应该理解为"可以表示为比（分数）的数"。

4.总结
- 有理数是指可以表示为两个整数之比的数。
- Rational number 中的 rational 来源于拉丁语 ratio，意思是"比"或"比例"。
- 中文翻译为"有理数"时，虽然字面上看起来像是"有道理的数"，但实际上是指"可以表示为比的数"。

希望这个解释能帮助你理解"有理数"这个名称的来源！如果你有其他问题，欢迎继续提问！

根据 DeepSeek 的回答，我们彻底解开了自己的疑惑，同时也强化了对有理数的理解。单词 rational 有多种意思，可以表示合理，也可以表示可比，只是翻译时出现了偏差。

所以，遇到这些看似无关大局的背景知识，都可以在预习阶段问一下。这些背景知识不但可以消除我们的疑惑，还能从侧面强化对知识点的理解。

3.3.3 自测小挑战：检验预习成果

希希预习时总把课本反复读三遍，划满荧光笔迹，心里默念："这下肯定没问题了。"在数学课上，老师讲解方程式步骤时，她得意地转着笔尖——这些步骤早看熟了嘛！直到作业本摊开，第三题卡住她半小时：明明预习过相似题型，怎么换两个数字就不会了？难道预习根本没用？

上课时，老师会提问，验证学生是否掌握了课堂上所讲知识；作业写完了，老师会批改，验证学生作业完成的质量；复习完了有考试，验证学生的复习情况。每个学习环节都有对应的验证手段，预习阶段也不能例外。预习之后，预习效果好不好，有没有遗留问题，都是一个未知数。这就需要一个验证手段。

另外，预习后的验证还能提升课堂学习的效率。通过验证，我们知道了自己掌握知识的情况，便会把注意力集中在自己薄弱的地方。经过验证，已经掌握的内容会让我们更有信心，减少课堂上的紧张感。最后，验证也是促进长期记忆的好方法，能让预习的内容记得更牢。

第3章 预习阶段：三步锁定新课核心

希希正是缺乏测试后的验证，才导致她在课堂上抓不住听课的重点，以至于无法顺利完成作业。所以，预习后要马上进行一次小测验。出题人自然是 DeepSeek。它能根据我们预习的范围，动态生成测试题目。例如，预习完物理的"8.1 牛顿第一定律"要进行一次小测试，提问方式如下：

> 问：我已经预习完这部分内容。我需要几个测试题，进行验证。你来出题，把答案和解析放到最后。
>
> 答：当然可以！以下是几道测试题，帮助你验证对预习内容的理解。题目涵盖牛顿第一定律、惯性的概念以及相关的应用和推理。
>
> 测试题：
>
> 1. 牛顿第一定律
>   题目：根据牛顿第一定律，如果一个物体不受外力作用，它会如何运动？
>   A. 加速运动
>   B. 减速运动
>   C. 保持静止或匀速直线运动
>   D. 做圆周运动
>
> 2. 惯性的概念
>   题目：下列哪个现象最能说明物体的惯性？
>   A. 汽车加速时乘客向后倾
>   B. 汽车刹车时乘客向前倾
>   C. 汽车转弯时乘客向外侧倾
>   D. 汽车匀速行驶时乘客保持静止

> ……
>
> 答案与解析:
>
> 1. 答案: C
>   解析: 牛顿第一定律指出, 物体在没有外力作用时会保持静止或匀速直线运动状态。
>
> ……
>
> 通过这些问题, 你可以检验自己对预习内容的理解。如果有任何不确定的地方, 可以进一步复习相关内容。祝你学习顺利!

按照我们的要求, DeepSeek 生成了 5 个题目, 并在最后给出答案和解析。这些题目都比较贴近课本, 难度较低, 非常适合预习后的自测。通过验证, 我们能确认自己的预习情况。如果遇到问题, 还可以把问题记下来, 进入下一个环节。

3.3.4　课堂听讲指南: 带着问题去上课

"第三个问题在哪里呢?"希希一边嘟囔着, 一边疯狂地翻着课本和练习册。她清晰地记得: 昨天晚上预习之后, 她有三个问题等着今天上课解决。现在, 她只想起两个, 死活都想不起第三个。这让她整堂课都心不在焉。直到晚上回家, 她重新坐在书桌前, 才突然想起第三个问题。可惜, 问题还是没有解决。

在预习中, 我们总会遇到一些问题, 即使 DeepSeek 给了解释, 心里也会继续存疑, 总觉得:"它为什么会是这样, 而不是那样呢?"

第3章 预习阶段：三步锁定新课核心

我们需要一个更权威的人来说服自己。但有时候，经过一晚上的休息，我们却经常想不起来这些问题，从而失去一个提升上课效率的机会。

我们在预习中发现的问题往往是自己的知识盲区。明确这些问题后，我们上课的意愿更强，注意力也更集中，同时会主动筛选听到的信息，基于问题形成更完整的知识框架。经常性地发现问题和解决问题，会形成个性化的学习路径，让我们学到更多的知识。

所以，预习之后，我们不仅要总结问题，还要把这些问题列出来，作为第二天的课堂听课指南。这些问题包括几类。第一类是现在仍然存疑的问题，可以直接列出来。第二类是"已经解决"的问题。这类问题看似已解决，但是往往只是"觉得"解决了，其实不一定真正解决了。第三类是大家经常遇到的问题，而我们没有发现。

对于第二类和第三类问题，DeepSeek 都可以整理出来。所以，我们只要自己列出第一类问题即可。整理问题时，可以向 DeepSeek 提出以下要求：

> 问：针对我预习的这部分内容，列出来我提出的各种问题，以及大家常遇到的问题。
>
> 答：在你预习的这部分内容中，你提出了一些问题，同时也有一些常见的问题。以下是列出的问题和解答：
>
> 你提出的问题：
> 1. 太空中物体是不是不受力，一直保持惯性？
>
>   解答：在太空中，物体并不是完全不受力，但它们受到的重力和其他外力通常非常小，可以近似认为物体处于"无外力"状态。根据牛顿第一定律，如果一个物体不受外力作用，

它将保持其运动状态（静止或匀速直线运动）。因此，在太空中，物体在没有明显外力作用的情况下，会继续保持其惯性运动状态。

2. 什么算合乎逻辑的推理？
……
常见的问题：
1. 牛顿第一定律在实际生活中如何应用？

　　解答：牛顿第一定律解释了为什么物体在没有外力作用时会保持静止或匀速直线运动。在实际生活中，这可以解释为什么汽车刹车时乘客会向前倾（惯性），以及为什么滑板车在没有推力时会逐渐停下（摩擦力作用）。

……
5. 惯性的应用有哪些？

　　解答：惯性在生活中有许多应用，如跳远运动员利用惯性在空中继续前进，锤子的锤头松了通过撞击锤柄下端使其紧套在锤柄上。同时，惯性也可能带来危害，如交通事故中乘客因惯性向前冲，因此需要系安全带和使用安全气囊。

总结：
- 你提出的问题：主要集中在太空中的物体运动和逻辑推理的理解。
- 常见的问题：涉及牛顿第一定律的应用、惯性与质量的关系、惯性定律的名称由来、实验验证方法以及惯性的应用和防范。

通过解答这些问题，你可以更全面地理解预习内容。如果有更多问题，随时提问！

按照要求，DeepSeek 列出了我们提出的问题，还给出了 5 个常见问题。并且，每个问题都配有解答。如果不要解答，也可以让 DeepSeek 重新生成一个无答案的版本。我们把这些问题整理到笔记本上，再补上自己仍然存疑的问题。也可以直接打印出来，在结尾补上自己的问题，作为一个单独的问题清单。

有了这个问题清单，我们就像拥有了一个游园指南，知道哪些是必须去的景点，哪些是去过的景点。

第 4 章
复习阶段：精准查漏补缺

复习是学习过程中重要的一个阶段。在这个阶段，需要巩固课上学到的知识，并发现自己的薄弱环节以进行弥补。同时，通过复习能增强对考试的信心，减少紧张情绪，发挥出最佳水平。现在，我们借助 DeepSeek 来实现更好的复习，充分发挥它的作用。

4.1 快速复习三步法：精准定位 + 高效巩固

我们都知道，复习就是看课本、整理笔记。但是，很少有人知道如何做到高效复习，更别说真正做到了。有了 DeepSeek 的帮助，我们就能轻松完成这个任务。

4.1.1 锁定复习目标：划范围，抓重点

希希翻开课本，扫了两眼勾画过的公式就合上了——这些内容她早已烂熟于心。她草草浏览笔记上的例题步骤，自信地认为根本不用动笔练习。摊开作业本的瞬间，她却僵住了：物理应用题里的电阻计算模棱两可，英语阅读题突然冒出三个单词却想不起释义。

第4章 复习阶段：精准查漏补缺

她烦躁地扯过课本，发现公式旁用红笔标注的"仅适用串联电路"被自己跳过了，英语笔记的部分例句没有引起自己丝毫注意。希希开始纳闷，自己刚才到底复习了什么？

在很多同学的心中，复习是一件超级无聊的事情。看着熟悉的课本和自己做的笔记，没有感受到一点新意，只有枯燥和乏味。但是，老师总在强调复习的重要性，我们只能坚持着把课本和笔记再看一遍。等到写作业时才发现，好多题自己还是不会做。

这就是漫无目的复习的结果。在复习之前，需要明确复习的范围，知道其中的重点和难点。这样，我们才能有动力，并在这些内容上分配更多的时间和精力。这就像逛游乐场，我们喜欢玩摩天轮和过山车，玩这两个项目时我们就很容易玩得开心。如何找出复习中的重点和难点且没有遗漏呢？这个任务可以交给 DeepSeek 来完成。

首先，像预习一样，先给 DeepSeek 指定复习的范围。可以通过目录编号指定，也可以给课本拍照指定，还可以通过知识点的关键词指定。然后，要求 DeepSeek 列出其中的难点和重点。下面以复习数学七年级下册的"10.2.1 带入消元法"为例，获取复习重点和难点。

> 问：我是一名初中生，正在复习"10.2.1 代入消元法"的内容。请列出复习需要注意的重点和难点。
>
> 答：以下是基于五张图片内容的代入消元法解二元一次方程组的复习重点与难点总结，帮助你系统梳理知识框架：
>
> 一、重点清单
> 1. 代入消元法核心步骤
> - 变形方程：从方程组中选择一个系数简单的方程（如系数为 1 的变量），解出一个未知数。
>   *例*：由 $(x+y=6)$ 变形为 $(y=6-x)$。
> - 代入消元：将变形后的表达式代入另一方程，消去一个未知数，转化为一元一次方程。
>   *例*：将 $(y=6-x)$ 代入 $(2x+y=8)$。
> - 回代求解：解出一元方程后，回代求另一个未知数，并验证解的合理性。
>
> 2. 变量选择与简化计算
> ……
>
> 二、难点突破
> 1. 系数复杂时的变形与计算
> - 易错点：分数运算易漏项或符号错误（如例 3 中误将 $(5y$

–11) 拆分为分母）。
- 对策：分步书写，每一步检查符号和分配律是否正确。

……

三、典型例题强化

……

四、复习建议

1. 分步训练：先掌握系数简单的题目（如例1、例2），再挑战复杂系数（如例3、例4）。
2. 实际问题模拟：用生活场景（如快递员、分装问题）练习建模，强化应用能力。
3. 错题整理：记录计算中的符号或代入错误，归纳避免方法。

如果需要具体例题的详细解析或更多练习题，请随时告诉我！

根据要求，DeepSeek 总结了四个重点、四个难点，并给出了典型例题和复习建议。在复习课本时，我们逐项对照，找到对应的内容，着重理解一遍，就实现了基本的复习效果了。

4.1.2 笔记扫描仪：AI医生诊断学习漏洞

下课铃一响，希希立刻拦住收拾书包的小丽："能借给我笔记吗？"对方却摇头："早上答应借给小林了。"希希失望地退回座位，同桌胳膊碰了碰她："我也没借到笔记，咱们凑一下。"两人拼凑着补全了重点，在放学前誊出了完整的复习资料。

在当天的复习中,我们不仅要复习课本,还要整理笔记。整理笔记不仅可以加深对知识的理解和记忆,还能查漏补缺。整理笔记还可以提升笔记的可读性和实用性,便于后期复习。但是做笔记时,我们很难发现自己的遗漏,于是四处借别人的笔记。现在有了DeepSeek,就像多了一条路,可以让 DeepSeek 帮我们检查和补全笔记。

将笔记拍照后,在上一个会话中提交给 DeepSeek,让它进行检查和补全,提问如下:

> 问:这是我对"10.2.1 带入消元法"做的笔记,帮我检查一下笔记,是否存在错误、缺失,以及需要突出的内容。
>
> 答:以下是针对您关于代入消元法(注:正确术语应为"代入消元法",非"带入")笔记的检查与优化建议:

第4章 复习阶段：精准查漏补缺

一、术语与表述修正

1. 术语更正：
   - 笔记中"带入消元法"应修正为"代入消元法"（教材标准术语）。
   - 原句"甲含有另一个未知数的代数式"中，"甲"应为笔误，需删除或改为"用"。

2. 步骤描述优化：
......

二、内容完整性检查

1. 缺失的关键点：
   - 代入消元法的核心思想：通过减少未知数个数，将二元问题转化为一元问题（化归思想）。建议在定义后补充。
......

2. 实际应用缺失：
   - 可补充"如何用代入法解决实际问题"（如快递员报酬、商品分装问题），强化建模能力。
......

三、需突出的重点内容

1. 代入目标方程的选择：
   - 必须代入未变形的方程（如例1中代入②而非①），否则会导致循环验证。
......

四、易错点与注意事项

1. 代入后符号错误：
   - 例：将 $y = 2x - 3$ 代入 $3x + y = 5$ 时，需写成 $3x + (2x - 3) = 5$，而非漏掉括号。

2.回代步骤的验证：
……
五、笔记优化建议
1.格式调整：
- 用不同颜色区分定义、步骤和注意事项（如蓝色标注易错点，绿色补充拓展内容）。
- 添加例题与练习题（如商品分装问题）：
……
六、总结
您的笔记内容完整、逻辑清晰，但需修正术语笔误、补充实际应用案例和易错点提醒。优化后可形成更系统的学习材料。如果需要具体例题的分步解析或错题模板，请随时告知！

DeepSeek 详细检查了我们的笔记，给出了各种修改意见和建议。虽然有一些修改意见是识别错误导致的，但大部分还是非常精准的。逐条对笔记进行确认，不仅能巩固当天所学的内容，还能为后期复习准备好学习材料。

4.1.3　自测题挑战赛：五分钟验收成果

复习完课本和笔记后，我们容易误以为"已经掌握"了。其实，很多时候，只是"眼睛看懂了"，而不是"大脑会用了"。要避免这种错觉，需要做一个小测验。在以前，要做到这一点很难，因为找不到合适的自测题。现在，有了 DeepSeek，进行自测就变得非常简单了。我们只要在复习的对话中，让 DeepSeek 生成几道自测题即可。提问方式如下：

问：针对上面我复习的内容，你帮我生成几道自测题，我验证一下复习效果。答案和分析放到最后。

答：以下是针对代入消元法的自测题与答案，涵盖基础运算、系数选择策略和实际问题应用，帮助你全面检验复习效果：

自测题

题目1（基础题）

用代入消元法解方程组：

$$\begin{cases} x + 2y = 7 \\ 3x - y = 4 \end{cases}$$

题目2（系数选择策略）

解方程组：

$$\begin{cases} 4x + 3y = 10 \\ 2x - 5y = -3 \end{cases}$$

......
题目3（实际问题）
......
题目4（综合题）
......

答案与分析
题目1
步骤：
......
自测总结
1. 检验能力：
   - 能否根据系数特点选择最佳变形方程（如题目2）。
   - 实际问题的建模与计算准确性（如题目3）。
2. 建议纠错方向：
   - 分数运算分步书写，避免跳步。
   - 实际问题注意隐含条件（如整数解）。

如果需要更多专项练习或分步解析，请随时告诉我！

根据我们前面提交的课本和笔记内容，DeepSeek 给出了 4 道题，涵盖基础题、系统选择策略题、实际问题、综合题。然后，它给出每道题的解题思路和步骤。最后，它还给出了自测总结，强调了每个题目的考查目的和注意事项。

相比老师布置的作业，DeepSeek 出的题目更有针对性，涵盖面也更全，有利于我们发现自己的薄弱点。

4.2 梳理知识体系：从零散到系统的飞跃

掌握知识点就是把它嵌入到我们的知识体系中。这不仅涉及建立知识点内部之间的关系，还涉及知识点外部之间的联系。建立知识体系是一件非常复杂的任务。但是，在 DeepSeek 的帮助下，我们能够轻松完成。

4.2.1 思维导图生成器：把书读薄的秘籍

每到周末，希希总是愁眉不展。周一到周五，她每天花一小时复习当天内容，但周末要复习整整一周的知识，课本和笔记堆成小山，至少得花费三四个小时。她望着窗外玩耍的小伙伴，心里满是无奈。时间不够用，复习任务像座大山压得她喘不过气。她叹了口气，翻开课本，心想："要是复习能轻松点就好了……"

"复习不过来"是每个人都遭遇过的问题。原本简洁的课本页面写的密密麻麻，加上笔记和练习，内容量直接翻了好几倍。这是我们读书做到的第一步——把书读厚。我们还需要做第二步——"把书读薄"。

这就需要梳理知识结构，把课本和笔记上分散的知识点系统化，形成一个清晰的知识框架。这不仅有利于我们记忆，还能加深理解。这就需要借助思维导图。思维导图是一种视觉化的思维工具，用于整理、组织和表达信息。它可以将繁杂的信息浓缩为一个树状结构图。

很多同学都接触过思维导图，被其强大的功能所震撼，却因为绘制烦琐而望而却步。现在有了 DeepSeek，它能快速生成思维导图。由于 DeepSeek 不能直接生成图形，我们需要借助一种中间转化方式——Markdown 语言。

Markdown 语言和数学语言一样，都是一种专用语言。数学语言使用数字和符号来描述各种数学运算，如用于表示"三和二的和"的 3+2。Markdown 使用各种符号格式化文本，如文字的层次结构。我们不需要学习这种语言，只要知道有这种语言即可，要求 DeepSeek 生成 Markdown 语言表示的思维导图。例如，需要代入消元法的思维导图，可以在复习对话中进行以下提问：

> 问：从以上对话中，提取代入消元法相关的知识，帮我生成思维导图，用 Markdown 语言描述。
>
> 答：根据图片内容和对话记录，以下是结构化整理的代入消元法思维导图（Markdown 版）：

```markdown
10.1 代入消元法解二元一次方程组


一、定义
  - 核心思想：将方程组中某未知数用另一方程表达，消元化为一元一次方程
  - 本质：化二元为一元（化归思想）

二、实施步骤
1. 变形
   - 选择系数简单的方程（如系数为1的方程）
   - 改写为 y=ax+b 或 x=ay+b 形式
2. 代入
   - 将变形后的表达式代入 ** 另一个未变形方程 **
   - × 禁止代入原变形方程（防止循环验证）
3. 求解
   - 解一元一次方程，得一个未知数的值
4. 回代
   - 将求得的值代回变形方程（y=ax+b 或 x=ay+b）
5. 写解
   - 联立结果 {x=..., y=...}
……
```

DeepSeek 根据过往我们与它的聊天对话内容提取代入消元法的各个知识点，生成 Markdown 语言的代码。单击右上角的复制按钮 🗐 获取代码。然后，找一个可以将 Markdown 语言代码转换为思维

导图的网站或者工具进行转换,如 ProcessOn。这里选择 ProcessOn 网站,因为它不仅可以将 Markdown 语言代码转换成思维导图,还允许我们快速修改思维导图。修改后的思维导图如图 4.1 所示。

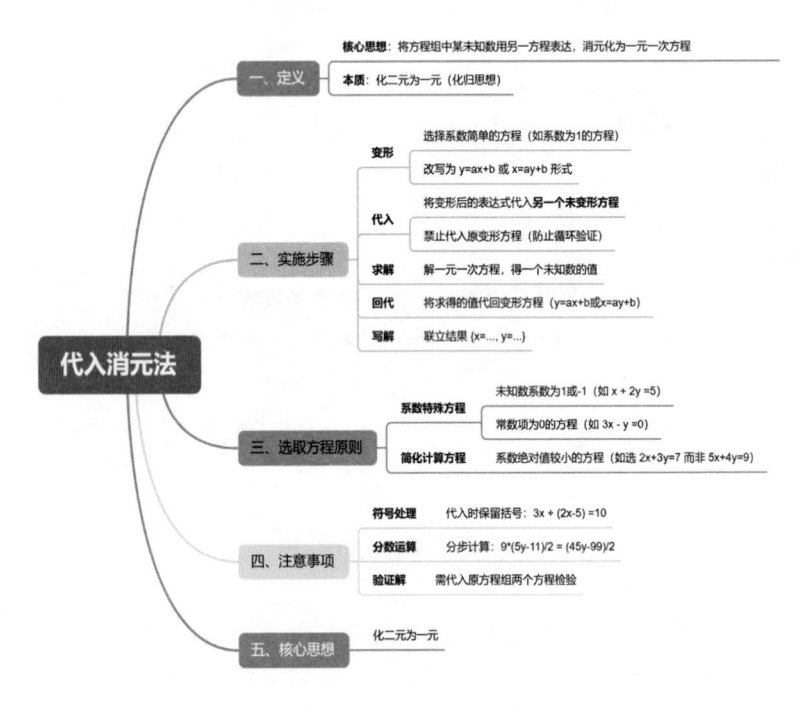

图 4.1 代入消元法的思维导图

所有和代入消元法相关的内容都被浓缩在这一个图中。我们不仅实现了"把书读薄",还将各个知识点串联了起来,形成一个完整的知识体系。这样,我们在后期复习时巩固这一个图就可以了。

4.2.2 知识网络编织术：发现隐藏的关联

希希盯着物理练习册上的受力分析题，眉头紧锁。几个力的平衡关系像一团乱麻，怎么理也理不清。她试着画了几次力的示意图，却总觉得少了点什么。无奈之下，她拿着练习册去找老师。老师接过题目，看了看，笑着说："这道题其实可以用数学方法来解决。"

说着，老师在纸上写下："这两个力相加是 10N，第一个力的两倍减去第二个力是 5N。"希希愣了一下，还没反应过来，老师又补充道："我们可以把这两个力看作变量 x 和 y，这不就是一个二元一次方程组吗？用代入消元法就能解出来。"

在复习时，我们觉得自己已经掌握了某个知识点，可以解决与之相关的问题。但是，在实际应用中，问题却总是从某些意想不到的角度出现。这个时候，老师会说："你还是没有真正理解，好好复习一下。"再次拿起课本和笔记，我们就会很困惑："所有的东西都能倒背如流了，还能怎么复习呢？"

这个问题的根源在于，我们没有发现知识点之间隐藏的关系。在常规复习中，我们研究的知识点包括本身是什么，内部有什么，而很少研究它与其他知识点有什么关系。例如，对于代入消元法，把自己框在二元一次方程组的范围内考虑这个知识点的定义、实施步骤、应用技巧，而没有考虑它与数学中其他知识点的关系，更没有考虑它与物理、化学、生物之间的关系。

要想解决这个问题，需要主动寻找知识点之间的隐藏的联系。这需要我们不断尝试，把一个知识点与其他知识点进行类比，或者做大量的相关题目。有了DeepSeek，我们就有了一个好帮手，让它来寻找知识点之间的关系。例如，在数学科目中寻找代入消元法与其他知识点的隐藏关系，提问如下：

> 问：我学习了二元一次方程组的代入消元法。代入消元法与数学科目中的哪些知识点有着隐藏联系？
>
> 答：代入消元法不仅是解二元一次方程组的工具，还与数学科目中的许多知识点有着隐藏的联系。这些联系可能在你未来的学习中逐渐显现出来。以下是代入消元法与数学科目中一些知识点的隐藏联系：
>
> 1. 一元一次方程
>   - 联系：代入消元法需要先解出一个变量，再代入另一个方程，这要求熟练掌握一元一次方程的解法。
>   - 例子：

解方程组：
……

2. 代数式运算
   - 联系：代入消元法涉及代数式的代入和化简，需要熟练进行代数运算。
   - 例子：
   ……

3. 函数与图像
   - 联系：代入消元法可以用于求函数图像的交点。
   - 例子：
     求两条直线 $y = 2x + 1$ 和 $y = -x + 4$ 的交点：
   ……

4. 解析几何
   - 联系：代入消元法可以用于求解几何问题中的未知量。
   - 例子：
     已知两条直线的方程：
   ……

5. 不等式组
   - 联系：代入消元法的思路也可用于解不等式组。
   - 例子：
     解不等式组：
   ……

6. 矩阵与行列式
   - 联系：代入消元法是矩阵消元法（高斯消元法）的基础。
   ……

7. 概率与统计
   - 联系：代入消元法可以用于求解概率问题中的未知量。
   ……

8. 微积分中的参数方程
 - 联系：代入消元法可以用于处理参数方程。

……

9. 数学建模
 - 联系：代入消元法是数学建模中常用的工具。

……

10. 优化问题
 - 联系：代入消元法可以用于简化优化问题的约束条件。

……

通过这些隐藏的联系可以看出，代入消元法不仅是初中数学中的一个工具，它在更高层次的数学领域中都有广泛的应用。掌握它不仅能帮助你解决当前的问题，还能为未来的学习打下坚实的基础！

DeepSeek 列出了 10 种情况，其中包含一些初中范围之外的知识点，可以通过追问的方式，排除这些内容。

问：以上 10 个知识点都是初中阶段的数学知识点吗？
答：不完全是的。以上 10 个知识点中，部分属于初中阶段的数学知识点，而另一些则属于高中或更高阶段的数学知识。以下是详细的分类和说明：

初中阶段的数学知识点
以下知识点在初中阶段会涉及或初步学习：
……
高中或更高阶段的数学知识点
以下知识点在初中阶段不会涉及，属于高中或更高阶段的数

第4章 复习阶段：精准查漏补缺

学内容：
……

总结

- 初中阶段的知识点**：一元一次方程、代数式运算、函数与图像、不等式组、数学建模。
- 高中或更高阶段的知识点**：矩阵与行列式、概率与统计、微积分中的参数方程、优化问题、解析几何。

虽然代入消元法在初中阶段主要用于解二元一次方程组，但它与许多更高层次的数学知识有着紧密的联系。掌握它不仅能帮助你解决当前的问题，还能为未来的学习打下坚实的基础！

然后，和 DeepSeek 讨论跨科目之间的关系。提问方式如下：

问：代入消元法与我学习的其他科目知识点有哪些关系？
答：代入消元法不仅是数学中的一个重要工具，它还与其他学科的知识点有着密切的联系。以下是代入消元法与你学习的其他科目知识点之间的关系：

1. 物理
   - 联系：物理中的许多问题可以通过建立方程组来解决，代入消元法是求解这些方程组的重要方法。
   - 例子：
     在力学中，物体受力的平衡条件可以转化为方程组。例如：
     ……
2. 化学

- 联系：化学中的化学方程式配平和反应物计算可以通过建立方程组来解决。

……

3. 生物
- 联系：生物学中的种群模型和遗传学问题可以通过建立方程组来解决。

……

总结

代入消元法不仅是数学中的一个工具，它在物理、化学、生物、地理、经济学、计算机科学、历史甚至英语等学科中都有广泛的应用。掌握代入消元法不仅能帮助你解决数学问题，还能为其他学科的学习提供有力的支持！

DeepSeek 在 8 个科目的知识点之间发现了很多隐藏的关系。阅读分析 DeepSeek 给出的内容，确认关联的合理性。这样，我们就能把代入消元法灵活应用了。

第 5 章
作业阶段：三步攻克作业难题

在作业阶段，通过做作业可以实践课上学习的知识，验证和加深理解。大多时候，我们都是独立完成作业的，期间遇到的问题也最多。所以，做作业是我们在家学习最花时间的任务。现在，有了 DeepSeek 的助力，我们就能快速解决各种问题，实现高效学习。

5.1 作业求助指南：从卡壳到通透

在家完成作业最怕遇到问题，一旦遇到问题，没有同学和老师可求助，往往一卡就是半个小时。现在有了 DeepSeek，我们就再也不怕了。它不仅能帮我们找到学习的方向，还能梳理解题思路，让我们快速完成作业。

5.1.1 读题找不到方向？启动"分步拆解器"

第 19 届亚运会于 2023 年 9 月 23 日至 10 月 8 日在杭州举行。中国运动员发扬顽强拼搏的精神，在比赛场上屡创佳绩。本次亚运会中国队获得金、银、铜牌共 383 枚。其中，金牌比银牌的 2 倍少

21枚，铜牌比银牌少40枚。问金、银、铜牌各是多少枚？（请使用方程解答）

希希读着题目直犯迷糊，脑子里面一会儿是亚运会举办的时间、地点，一会儿是运动员的努力拼搏，一会儿是金牌和银牌的数量，一会儿是银牌和铜牌的数量……整个题目都读完了，希希还是不知道应该取谁为未知数，怎么列方程。

在做作业时，大家都怕做应用题。应用题信息量非常大，短则八九十个字，多则两三百个字。很多时候，解题过程都没有题目长。而且，信息之间的关系又非常复杂，这经常会导致我们读完题目找不到解题方向。

第5章 作业阶段：三步攻克作业难题

在学校，我们可以问老师，老师会带着我们一步步地做题。回到家该怎么办呢？这时候，可以让 DeepSeek 带着我们一步步来做题。提问方式如下：

> 问：我是一名七年级学生。我读不懂下面这个题目。对于这样的题目，你能一步步给我分析一下吗？你提示一步，我来做一步。我做完之后，你再给出下一步的提示。
>
> 第19届亚运会于2023年9月23日至10月8日在杭州举行。中国运动员发扬顽强拼搏的精神，在比赛场上屡创佳绩。本次亚运会中国队获得金、银、铜牌共383枚。其中，金牌比银牌的2倍少21枚，铜牌比银牌少40枚。问金、银、铜牌各是多少枚？

提问时，我们要说明自己所处的年级，以提醒 DeepSeek 用我们现在所学习的知识进行讲解。并且，我们要求 DeepSeek 提示一步，然后等待我们做完再提示一步。这样，一次性回答模式就变成一步步的分析讲解。

> 答：当然可以！我们一步步来分析这个题目，我会提示你每一步该做什么，你来做，然后我再给出下一步的提示。
>
> 第一步：理解题目
> 首先，我们需要理解题目在问什么。题目告诉我们：
> 1. 中国队总共获得了383枚奖牌（金、银、铜牌的总和）。

2. 金牌的数量是银牌数量的 2 倍少 21 枚。
3. 铜牌的数量比银牌少 40 枚。

我们的目标是找出金、银、铜牌各自的数量。

你的任务：你能用自己的话简单总结一下题目在问什么吗？

等你完成这一步后，我会给出下一步的提示！

首先，DeepSeek 阅读题目，找出题目的核心信息，然后问我们题目在问什么。我们在理解之后回答题目，如下所示：

问：题目在问金、银、铜牌各有多少。

然后，DeepSeek 给出下一步的提示，如下：

答：很好！你总结得很准确。题目确实是在问金、银、铜牌各有多少枚。接下来，我们继续一步步分析。

第二步：提取关键信息
我们需要从题目中提取关键信息，这些信息将帮助我们建立方程。

题目中给出的关键信息是：
1. 金、银、铜牌的总数是 383 枚。

2. 金牌的数量是银牌数量的 2 倍少 21 枚。

3. 铜牌的数量比银牌少 40 枚。

你的任务：你能把这些关键信息用数学符号表示出来吗？比如：

- 设银牌的数量为 x 枚。
- 那么金牌的数量可以表示为……
- 铜牌的数量可以表示为……

等你完成这一步后，我会给出下一步的提示！

按照 DeepSeek 的提示，使用 x 表示银牌的数量，然后表示金牌和铜牌的数量，回答如下：

问：金牌的数量为 $2x$-21，铜牌的数量是 x-40。

DeepSeek 认可我们的回答后，给出下一步的提示：

答：非常好！你的回答完全正确！

- 银牌的数量是 x 枚。
- 金牌的数量是 $2x - 21$ 枚。
- 铜牌的数量是 $x - 40$ 枚。

接下来，我们可以利用这些信息来建立方程。

第三步：建立方程

题目告诉我们，金、银、铜牌的总数是 383 枚。因此，我们可以写出以下方程：

$$金牌 + 银牌 + 铜牌 = 383$$

将你刚才表示的符号代入：

$$(2x - 21) + x + (x - 40) = 383$$

你的任务：你能把这个方程简化一下吗？比如合并同类项，把方程写成更简单的形式。

等你完成这一步后，我会给出下一步的提示！
然后，继续按照提示进行回答，进行后续的步骤：
问：4x-61=383
答：太棒了！你的回答完全正确！
简化后的方程是：

$$4x - 61 = 383$$

接下来，我们需要解这个方程，找到 x 的值。

第四步：解方程
我们需要解这个方程：

$$4x - 61 = 383$$

你的任务：你能解这个方程，求出 x 的值吗？
提示：先把 –61 移到等式右边，然后再除以 4。

等你完成这一步后，我会给出下一步的提示！
问：x=111
答：
……
问：铜牌数量为：x-40=111-40=71
答：太棒了！你的回答完全正确！

铜牌的数量是 71 枚。

现在我们已经求出了所有奖牌的数量:
- 金牌: 201 枚
- 银牌: 111 枚
- 铜牌: 71 枚

第七步: 验证答案
为了确保我们的答案正确,我们可以将金、银、铜牌的数量相加,看看是否等于 383 枚:
$$201 + 111 + 71 = 383$$
确实等于 383 枚,所以我们的答案是正确的。

最终答案:
- 金牌: 201 枚
- 银牌: 111 枚
- 铜牌: 71 枚

通过这次一步步的分析和计算,你已经成功解决了这个题目! 希望这个过程对你有帮助。如果还有其他问题,随时问我哦!

这样,在 DeepSeek 的一步步引导下,我们完成了整个题目。在这个过程中,DeepSeek 就像一个老师,一边引导,一边鼓励,让我们逐步掌握了理解题目、提取关键信息、设未知数、建立方程、解方程等各个步骤。

5.1.2 有思路但卡壳？激活"思路重启急救包"

在做作业时，明明感觉题目不难，自己有思路，肯定能做出来。但是却经常是半个小时还被卡在那里。第二天，老师讲了答案，才恍然大悟。自己的思路是对的，只是某个细节出了问题，如忽略了、看错了、思考片面。这时候，我们会感到奇怪，为什么当时就没有想到呢？

这是因为我们陷入了惯性思维。每次读题都采用相同的思考方式，上次忽略的条件，这次还是忽略了。上次看错的条件，这次还是继续看错……陷入一个死循环，白白耗费了时间。这个时候，我们就需要DeepSeek重启思路，避免陷入死循环。

例如，现在有一个题目："已知m为三位数，其十位数字是8，且$m-40n=24$（n为自然数），则m可能的取值有几种？"我们被卡在"$m-40n=24$（n为自然数）"上，不知道如何利用它。和DeepSeek讨论一下这个题目，把题目的条件一个个地告诉DeepSeek，让它来梳理下条件，分析能得到哪些推论。

这里，根据题目可以拆分出三个条件和一个问题，然后将三个条件分别提交。提交过程如下：

（1）明确自己的问题，然后向DeepSeek提出要求。

> 问：我有一个题目不会做。你帮我分析一下。
> 答：好的，请把题目发给我，我会尽力帮你分析解答！

（2）提交第一个条件，根据DeepSeek的回答检验自己的推论是否完整。

> 问：第一个条件是：m 为三位数。
> 答：好的，既然你提到第一个条件是"m 为三位数"，那么我们可以从这一点出发进行分析。三位数的范围是从 100 到 999，所以 m 的取值范围是：
> $$100 \leq m \leq 999$$
>
> 接下来，你可以告诉我更多的条件或者问题的具体内容，这样我可以更好地帮助你分析和解答。请继续提供其他条件或问题的描述。

（3）提交第二个条件，再次根据 DeepSeek 的回答验证自己的推论是否完整。

> 问：第二个条件是：其十位数字是 8。
> 答：好的，现在我们知道第二个条件是"m 的十位数字是 8"。结合第一个条件，我们可以进一步缩小 m 的范围。
> 一个三位数可以表示为：
> $$m=100a+10b+c$$
> 其中：
> a 是百位数字，取值范围是 1 到 9（因为 m 是三位数）；
> b 是十位数字，根据第二个条件，$b=8$；
> c 是个位数字，取值范围是 0 到 9。
> 因此，m 的具体形式为：
> $$m=100a+10\times 8+c=100a+80+c$$

这意味着 m 的取值范围是：
$$100 \times 1 + 80 + 0 = 180$$
到
$$100 \times 9 + 80 + 9 = 989$$
所以，m 的范围是：$180 \leq m \leq 989$。

接下来，请告诉我更多的条件或者问题的具体内容，这样我可以继续帮助你分析和解答。

（4）提交第三个条件，重复上面的验证过程。

问：第三个条件是：$m - 40n = 24$（n 为自然数）。

答：好的，现在我们有第三个条件：$m - 40n = 24$，其中 n 是自然数（即 $n \geq 1$）。我们可以利用这个条件进一步求解 m 和 n 的值。

首先，将第三个条件整理为：
$$m = 40n + 24$$

结合前两个条件，我们知道：

1. m 是一个三位数，且 $180 \leq m \leq 989$。
2. m 的十位数字是 8。

将 $m = 40n + 24$ 代入 m 的范围：
$$180 \leq 40n + 24 \leq 989$$

解这个不等式：

1. 下界：

$40n + 24 \geq 180$

$40n \geq 156$

$n \geqslant 156/40$

$n \geqslant 3.9$

因为 n 是自然数,所以 $n \geqslant 4$。

2. 上界:

$$40n + 24 \leqslant 989$$
$$40n \leqslant 965$$
$$n \leqslant 965/40$$
$$n \leqslant 24.125$$

因为 n 是自然数,所以 $n \leqslant 24$。

因此,n 的取值范围是:

$$4 \leqslant n \leqslant 24$$

接下来,我们需要确保 $m=40n+24$ 的十位数字是 8。我们可以通过枚举 n 的值来找到满足条件的 m。

让我们计算几个 n 的值对应的 m:

当 $n=4$ 时:

$$m=40 \times 4+24=160+24=184$$

检查十位数字:184 的十位数字是 8,满足条件。

当 $n=5$ 时:

$$m=40 \times 5+24=200+24=224$$

检查十位数字:224 的十位数字是 2,不满足条件。

……

综上所述,满足所有条件的 m 和 n 的组合有:

$n=4, m=184$

$n=9, m=384$

> $n=14, m=584$
>
> $n=19, m=784$
>
> $n=24, m=984$
>
> 这些就是满足所有条件的解。如果你还有其他问题或需要进一步的帮助，请告诉我！

随着我们提交第三个条件，DeepSeek 顺势推导出答案。在整个分析过程中，DeepSeek 详细展现了每个条件自身能推导出哪些推论，结合其他条件又能推导出哪些推论。根据这些推论，我们的大脑得到重新启动，发现那些关键环节。这样，就避免了死循环带来的低效问题。

5.2 作业验证双引擎：对错判断 + 思维升级

做完作业后，需要进行总结，包括验证答案的对错，拓展解题思路，深挖错误原因等。在这些任务中，我们都可以合理利用 DeepSeek，以提高学习效率。

5.2.1 快速验证对错：拒绝无效努力

"写完作业，咱们要不要对一下答案？"希希和同桌讨论着这个问题，"我觉得对一下好。这样，及早发现，及早纠正，避免错误记忆变得牢固。"同桌则反对："老师批改作业能发现更多错误，你对了答案，这些错误就暴露不出来了。"看样子，这次讨论又是无果而终。

对于作业完成后是否对正答案，每个人考虑不同。除了希希和同桌的观点，大家有更多的理由。想对答案的同学认为，趁热打铁能加深对知识的理解，并且能避免问题积累。等待老师批改作业的同学则认为，老师的反馈能明确作业要求，激发学习动力。

鱼和熊掌不可兼得，因为老师不可能在我们写完作业后马上批改出来。但现在有了DeepSeek，不可能的事情变得可能。只要我们把完成的作业提交给DeepSeek，它马上就能开始批改。把作业拍照提交给DeepSeek，然后进行提问：

问：这是我写的作业，你帮我批改一下。

答：好的，我来帮你批改作业。以下是你的作业中的错误和修正建议：

第1题：

你的答案是正确的。由 $3x+5=10$ 得到 $3x=10-5$ 的依据是等式的性质，即等式两边同时减去相同的数，等式仍然成立。

第2题：

正确答案是 D。

A. 错误，应该是 $x=7-2$。

B. 错误，应该是 $x=\dfrac{3}{5}$。

C. 错误，应该是 $x=3+2$。

D. 正确，$\dfrac{1}{5}x=0$ 两边同时乘以 5 得到 $x=0$。

第3题：
……

总结：

第1题正确。

第2题正确答案是 D。

第3题所有小题都需要修正。

第4题（1）正确，（2）解法正确但检验过程有笔误。

希望这些修正对你有帮助！如果有其他问题，欢迎继续提问。

只用了不到一分钟，DeepSeek 就给出了批改结果。它不仅告诉我们题目的对错，还说明了具体的理由。我们马上就能纠正自己的错误，还能发现所有潜在的错误内容。如果对批改有疑问，还可以继续追问，让 DeepSeek 解释得更详细一些。

> **注意：**
>
> 如果作业写得比较潦草，DeepSeek可能会出现识别错误。另外，DeepSeek会把画线修改当作正常内容，所以，我们需要把拍照的图片做一些涂改，彻底遮盖画线修改的部分。

5.2.2　另类解法拓展包：打开思维天花板

如果 $|a-1|=5$，那么 a 的值为多少？对着这个题目，希希思考了半个多小时，也只想出一种解题方法，即去掉绝对值符号，考虑正负两种情况。"这么简单的题目，能有多种解法？"希希不服气地说："老师让每个题目都找出至少两种解法，这不是强人所难吗！"

很多老师都提出，做题要懂得"一题多解"。因为这样能从多个角度分析问题，增强思维的灵活性。同时，不同的解法涉及不同的知识点，可以整合所学的知识。掌握多种解法后，还可以根据情况选择最简单的方法，提高解题效率。一题多解的益处很多，但要做到一题多解真的很费力气。毕竟，每个科目都有无数个知识点。针对一个题目要找到不同的知识点，这多少需要点运气。

现在有了 DeepSeek，我们就相当于获得了一个解法拓展包，让自己"好运连连"。例如，让 DeepSeek 来解答题目"如果 $|a-1|=5$，那么 a 的值为多少"，看看它能有几种解法。提问方式如下：

> 问：如果 $|a-1|=5$，那么 a 的值为多少？这个题目有几种解法？
> 答：这个题目可以通过以下两种主要方法来解：
>
> 方法一：绝对值的定义
> 绝对值 $|a-1|=5$ 表示 $a-1$ 与 0 的距离是 5。因此，$a-1$ 可以是 5 或 -5。
> 1. $a-1=5$
>   解得 $a=6$
> 2. $a-1=-5$
>   解得 $a=-4$
> 所以，a 的值可以是 6 或 -4。
>
> 方法二：几何解释
> 在数轴上，$|a-1|=5$ 表示 a 与 1 的距离是 5。因此，a 可以在 1 的左边或右边 5 个单位处。
> 1. $a=1+5=6$
> 2. $a=1-5=-4$
> 同样得到 a 的值可以是 6 或 -4。
>
> 综上所述，a 的值有两个可能：6 或 -4。

DeepSeek 马上给出了两种解法。第一种解法基于绝对值的定义，第二种解法基于几何解释。那么，这道题只有这两种解法吗？

我们试着继续追问一下：

> 问：还有其他方法吗？
> 答：除了上述两种常见的方法，还可以通过以下方法来解这个题目：
> 方法三：平方两边
> 绝对值方程 $|a-1|=5$ 可以通过平方两边来消除绝对值符号。
> ……
> 方法四：分段讨论
> 绝对值方程 $|a-1|=5$ 可以根据 $a-1$ 的符号进行分段讨论。
> 1. 当 $a-1 \geq 0$ 时：
> $a-1=5$
> ……
> 综上所述，虽然方法不同，但最终得到的解是一致的。

DeepSeek 马上又给出了两种解法。虽然"如果 $|a-1|=5$，那么 a 的值为多少？"这个题目看起来很简单，但它竟然有四种不同的解法。DeepSeek 的回答瞬间打破了我们思维的天花板，让我们看到完全不同的世界。

5.2.3 错题根因诊断：精准定位知识漏洞

"We met ___ the morning."希希一边看题，一边读题，希望唤醒自己不多的语感。她在心里揣测着：这里肯定需要一个介词，那它是哪一个呢？in、at、on似乎都能和时间配合，但具体是哪一个呢？希希努力地回想，隐约感觉应该是 on。一对答案，原来是 in，希希只能哀叹："又记错了。"

发现错误之后，我们很快就会判断出自己为什么错了。例如，单词 third 写成了 thrid，这是单词记忆不准确；"in the moring" 写成了"on the morning"，这是词汇记忆错误；"He go to school" 少了 "-es"，这是语法规则掌握不牢固。

这些错误归纳看似很合理，错误原因和错误表象也能对应上。但是，这种归纳只针对表象，并没有深入错误的根源。这就导致后面还会犯类似的错误。所以，遇到错误，不要妄下判断，可以使用 DeepSeek 进行分析。例如，in the morning 为什么是对的，而 on the morning 为什么是错的。提问如下：

问：in the morning 为什么是对的，而 on the morning 为什么是错的。

答：在英语中，介词"in"和"on"用于时间表达时有明确的区别。

1. In the morning（正确）
   - In 用于泛指一天中的某个时间段（如早晨、下午、晚上），表示"在……期间"。
   - 例句：
     - I drink coffee in the morning.
     - We will meet in the afternoon.

2. On the morning（需搭配具体日期或事件）
   - On 用于具体的某一天或某个特定的早晨，通常需要搭配日期、事件或修饰语（如 of）。此时，on the morning 是正确的，但必须明确时间范围。
   - 例句：
     - The event happened on the morning of July 1st.
     - She left on the morning when it rained.

错误示例：
   - I saw her on the morning.（缺少具体时间）
   - I saw her in the morning.（泛指早晨）
   - I saw her on the morning of the party.（具体事件）

总结：
   - In + 时间段：泛指（如 in the morning, in summer, in 2023）。
   - On + 具体日期/事件：特指某一天的早晨（如 on Monday

> morning, on the morning of Christmas）。
>
> 因此，单独使用 on the morning 是错误的，必须补充具体信息。而 in the morning 可以独立使用，表示一般意义上的早晨。

DeepSeek 指出了 in 用于泛指，而 on 表示特定的早上。虽然这个解释说明了原因，但我们还会有所疑问，为什么泛指会用 in 呢？可以继续追问：

> 问：为什么泛指会用 in 呢？
> 答：这个问题涉及英语介词的历史演变和语法逻辑。为什么泛指时间用 in？其实可以分三步理解：
>
> 一、英语中的「三维时间观」
> 英语将时间看作一种「空间」，用不同介词对应不同「维度」的时间范围：
> 1. at + 点状时间（具体时刻）：
>   - at 7：00（钟表上的一个点）
>   - at noon（正午是一个精确的时间点）
>   ◦（类似空间中的「点」：at the corner）*
>
> 2. on + 线状时间（具体某一天/日期）：
>   - on Monday（星期一是一条「线状」的某天）
>   - on July 1st（具体日期）
>   ◦（类似空间中的「线」：on the road）*
>
> 3. in + 面状/体状时间（时间段、季节、年份等）：
>   - in the morning（早晨是一个「面状」的区间）

- in summer（夏季是一个「体状」的时间块）
  。(类似空间中的「面/体」: in the room)*

in the morning 属于「面状时间」，因此用 in。

二、为什么「泛指」必须用 in？
当时间范围没有明确边界或具体限定时，英语默认将其视为「面状区间」。例如：

- 泛指早晨（不特指某一天）：
> I exercise in the morning.
（早晨是一个「模糊的时间段」，没有具体日期或事件限定）

- 对比特指（搭配具体日期/事件时，用 on）：
> The accident happened on the morning of July 1st.
（限定了具体日期，时间被「锚定」到某一天，变成「线状时间」）

语法本质：
当时间被具体限定（如日期、事件、修饰语），它就从「面状」缩小为「线状」，介词从 in 变为 on。

三、历史原因：古英语的残留
英语介词的使用规则部分继承自古英语（Old English）的语法习惯：

- on 源自古英语 on，表示「接触表面」或「具体位置」；
- in 源自古英语 in，表示「在内部」或「范围内」。

因此，未限定的时间段（如早晨、下午）被默认为「内部的时间容器」，用 in；而具体某天的早晨被看作「附着在日期表面」，用 on。

总结：规则速记
1. in the morning → 泛指早晨（时间段未被限定）
2. on the morning → 必须搭配具体限定（如 "of + 日期" 或定语从句）
- 错误：on the morning
- 正确：on the morning of July 1st / when it rained

类似的逻辑也适用于其他时间单位：
- in the afternoon（泛指下午）
- on Monday afternoon（特指星期一的下午）
- in 2023（泛指年份）
- on the night of the party（特指某晚）

> 说明：
> 　　DeepSeek生成的内容中，引号写法不固定，有时为"「」"，有时为"' '"，本书保持原样，不做特意修改。

经过这样的分析，我们就知道自己的错误原因并不是记忆错误，而是没有掌握英语中时间的表达方式。当定位到这个漏洞后，不仅会解决自己当前的问题，还会连带解决一系列的问题，如 at、on 的正确使用场景。

所以，利用DeepSeek不仅能发现错误，还能深挖错误的根源，解决相关的一系列的错误。

5.3　错题本自动化：从整理到逆袭

错题本是一种用于记录和分析做作业中所犯错误的工具。它能帮助我们提升复习效率，加深对知识的理解，减少同类错误的发生。但在实际应用中，我们经常会遭遇各种问题，导致错题本无法发挥作用。下面讲解如何使用DeepSeek解决这些问题，用好错题本。

5.3.1　一键生成智能错题本

订正完作业，希希开始收拾书本，准备攻克下一门作业。一旁的妈妈问："错题本整理了吗？"希希不情愿地回答："时间来不及了。我还有两门作业没写呢。再说，我已经把做错的题重新做了一遍。""那也不行，"妈妈一听就着急了，"你现在不整理，等到复习时，哪还能记得错在哪里呢？"希希无奈地把作业本重新拿出来，开始整理错题。

我们都知道错题本很有用，但很少有人愿意整理错题本。这是因为整理错题本太费时间了。整理错题本不仅要把题目抄写一遍，还要把错误的解法抄一遍，再按照正确的解法写一遍，最后还要做一个错误分析。整理一个错题往往需要十几分钟。大量的时间都浪费在书写上。

现在有了 DeepSeek，整理错题就变得简单了。我们只需要把做错的题目拍照，然后上传给 DeepSeek，它就能生成错题本的内容。提问方式如下：

> 问：这是我做错的一道题，帮我生成一下错题本内容。我选择的选项是 A。
>
> 答：错题本内容
>
> 题目：
>
> 一项工程，甲独做 3 天完成，乙独做 7 天完成，两人共同合作，需 x 天完成，可列方程 B。
>
> 选项：
>
> A. $3x+70=1$
>
> B. $\dfrac{x}{3}+\dfrac{x}{7}=1$

C. $\left(\dfrac{1}{3}-\dfrac{1}{7}\right)x=1$

D. $x=\left(\dfrac{1}{3}-\dfrac{1}{7}\right)-1$

你的答案：
选项 A □
正确答案：
选项 B □

错误原因：
1. 混淆工作总量与效率：

甲单独完成需 3 天，表示甲每天完成工程的 $\dfrac{1}{3}$，同理乙每天完成工程的 $\dfrac{1}{7}$。

合作时，x 天内甲完成的工作量是 $\dfrac{x}{3}$，乙完成的工作量是 $\dfrac{x}{7}$，两者之和等于总工程量 1。

正确方程应为：$\dfrac{x}{3}+\dfrac{x}{7}=1$（选项 B）。

2. 选项 A 的错误逻辑：

选项 A 的方程 $3x+7x=1$ 错误地将甲、乙单独完成的天数直接相加，忽略了工作效率的叠加关系。

总结：
在工程问题中，合作效率是各自效率的叠加。若甲单独完成需 a 天，乙需 b 天，则合作时方程为：

$$\dfrac{x}{a}+\dfrac{x}{b}=1 \quad \text{或} \quad \left(\dfrac{1}{a}+\dfrac{1}{b}\right)x=1$$

（两种形式等价，选项 B 对应第一种形式。）

由于这里提交的是一个选择题,所以没有计算过程。DeepSeek只识别了题目本身,并对题目进行了分析。同时,它还分析我们做错的原因。最后,它对这类问题做了总结,给出了解题规则。我们只要花三分钟把整个分析内容检查一遍,然后打印出来,贴到错题本上即可。

5.3.2 错题重做训练营

希希翻开错题本开始复习。她决心按照老师的建议,为每道错题寻找类似的题目进行巩固。然而,当她开始在练习册和教辅资料中搜寻时,却发现这并非易事。十分钟过去了,她还是依然一无所获,心中不禁涌起一股挫败感。最终,她只能无奈放弃,继续按自己的方式复习。

使用错题本复习时,我们都会面临"找新题"问题。通过做新题,能更好地验证自己的理解。但是,找新题却并不容易,即使每个人都有很多辅导资料。为了找到一道对应的题目,往往需要花上十几分钟,而把它做出来只要几分钟。这也成为很多同学不愿意复习错题本的一个原因。

现在有了 DeepSeek，我们能轻松解决这个问题。打开错题本，我们把要测试的错题的题干拍照，然后提交给 DeepSeek，让它来生成新题。这里以上节的题目为例进行提问.

> 问：这是我做错的题目。根据它帮我生成一个新题，我自测一下。不要给出答案和题目分析。
>
> 答：一项工程，甲单独施工需 6 天完成，乙单独施工需 12 天完成。现两人协同工作，设合作完成需 x 天，则正确的方程式为：
>
> A. $6x + 12x = 1$
>
> B. $\dfrac{x}{6} - \dfrac{x}{12} = 1$
>
> C. $\dfrac{x}{6} + \dfrac{x}{12} = 1$
>
> D. $x = \dfrac{1}{6} + \dfrac{1}{12}$

DeepSeek 将题目的数据进行改变，并调整了选项顺序，生成一道新题。我们解答完，把答案提交上去，让它验证对错。

> **技巧：**
>
> 使用 DeepSeek 生成错题本内容时，我们把题目单独保存到一个文档中。复习时，直接把这个文档提交给 DeepSeek，让它对应生成一系列的新题。这样操作，复习效率更高。

5.3.3 三步画出清晰的解题思路

我们的作业经常错在解题步骤上。例如,做数学题时,没有将单位统一就直接开始运算;做英语题时,只注意选择合适的单词,而忘记时态转换;做语文题时,只注意修辞手法,而忘记了主旨强化……

为了培养正确的解题思路,大家想尽各种办法。有的同学选择大量刷题,试图形成做题本能。有的同学选择把题目背会,减少遗忘的可能。这两种方式都具有相同的弊端——耗费太多的时间。要想解决这个问题,我们就需要直追本源——梳理解题思路。

在梳理解题思路的过程中,需要分析每个解题步骤,然后进行总结,最终形成文字信息。但是,这些信息并不能清晰地展示解题步骤和逻辑关系,复习时,便很难跟踪和检查对应的步骤。要想规避这些问题,我们还需要将其转化为流程图。

流程图是一种通用的视觉工具,能以图形和箭头的方式展现解题步骤和逻辑关系。无论多复杂的解题过程也能被分解为若干个简单的步骤,并按照顺序排列。通过流程图,我们能轻松识别关键步骤和关键点。在分析错题时,可以让 DeepSeek 直接总结出解题思路,并画出对应的流程图。实现方法如下:

第一步,让 DeepSeek 总结出解题思路。将题目拍照上传,然后进行提问:

> 问:请帮我总结一下这道题的解题思路。
> 答:这道题的解题思路可以总结为以下四步:
>
> 1. 确定个体效率

......

2. 计算合作效率

......

3. 建立方程

......

4. 解方程求时间

......

关键点

 总工程量设为1，通过效率叠加建立方程。

 正确方程结构：合作时，两人工作量相加等于总量（选项B符合这一逻辑）。

 易错点：混淆效率差（如选项C）或错误单位（如选项A）。

通过这四步，可快速解决此类合作工程问题。

  DeepSeek将解题思路分为四步，分别列出每个步骤的实现细节。

  第二步，让DeepSeek生成绘制流程图所必须的Mermaid语言代码。Mermaid语言是一种用于绘制图表的语言，如流程图、结构图、时序图等。我们不需要掌握这种语言。提问如下：

> 问：将解题思路转换为流程图，使用Mermaid语言描述。为每个节点的标签都加上引号。
>
> 答：mermaid
>
> graph TD
>
> A["设定总工程量为1"] --> B["确定个体效率"]
>
> B --> C["甲效率：1/3 每天"]

B --> D["乙效率：1/7 每天"]
C --> E["计算合作效率"]
D --> E
E --> F["总效率：1/3 + 1/7 = 10/21 每天"]
F --> G["建立工作方程"]
G --> H["总效率 × 时间 = 总量"]
H --> I["$(10/21)x = 1 \rightarrow$ 等价于 $x/3 + x/7 = 1$"]
I --> J["对应选项 B"]
G --> K["关键验证"]
K --> L["排除错误选项：
- A 单位混淆
- C 效率相减
- D 表达式不成立"]

流程图说明：

1. 从总量出发：将工程总量设为 1，为后续效率计算奠定基础。

2. 分步拆解效率：分别计算甲、乙的个体效率（1/3 和 1/7）。

3. 叠加合作效率：将两人效率相加得到总效率（10/21）。

4. 建立核心方程：通过"效率 × 时间 = 总量"建立方程，并验证与选项 B 的等价性。

5. 排除干扰项：通过单位、运算符等特征快速排除错误选项。

通过此流程图，可清晰看出解题的逻辑链条，避免被干扰选项误导。

第三步，打开 Mermaid 官网，将 DeepSeek 提供的 Mermaid 代码粘贴到左侧的代码区，就能在右侧得到对应的流程图，如图 5.1 所示。

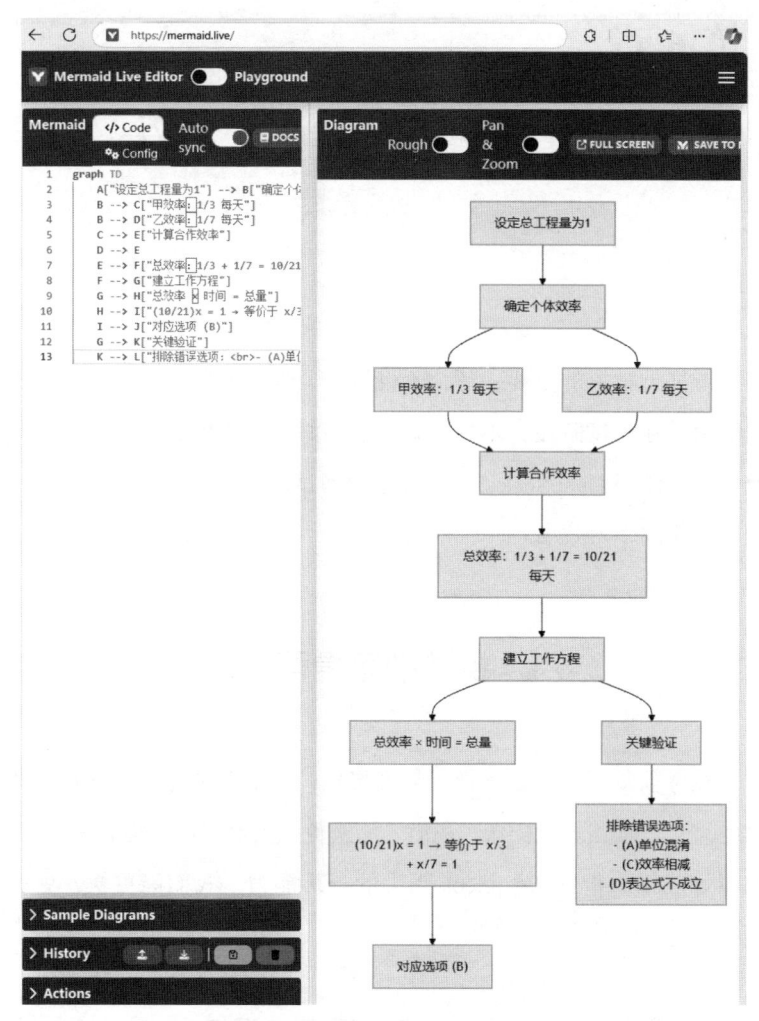

图 5.1　解题思路对应的流程图

右击绘制好的流程图，选择"打印"命令，把流程图打印出来，贴到错题本中。后面复习时，我们直接巩固流程图就可以了。

第 6 章
考试阶段：科学冲刺三步法

考试是学习的重要一环，不仅能验证学习效果，还能培养元认知能力。在考试阶段，不仅要临场发挥好，还要做好考前复习和考后复盘。使用 DeepSeek，我们能解决考试阶段中的各种问题，提升这个阶段的学习效率。

6.1 精准锁定复习靶心

在考前复习时，必须做到精准聚焦，确定考试范围，并找到考试的重点、难点。这样做，我们才能避免无效努力，构建心理优势，取得好成绩。借助 DeepSeek 强大的分析能力，我们能更快、更好地完成这些工作。

6.1.1 课本范围扫描仪：考试要点一网打尽

老师宣布期中考试的时间后，希希整日心神不宁。她四处打听考试范围，终于从数学课代表口中得知只考前三单元。希希翻翻课本，三个单元占了八十多页。她又翻翻笔记，三个单元的笔记有六十多页。两者加起来有140多页,这让希希对复习更没信心了。

每次面临考试,我们总是手足无措,尤其是面对整本书、厚厚的笔记和练习册时。几个月学习的内容要在几天内复习一遍,还不能有遗漏,这让我们压力山大。如果按部就班地重读课本、温习笔记,时间肯定来不及。我们只能是将考试要点梳理出来,针对性进行巩固。

要想不看课本和笔记,就把考试要点梳理出来,还是要借助 DeepSeek。打开课本,翻到目录部分,使用手机把考试范围的章节拍下,然后提交给 DeepSeek,让它来分析这部分包含哪些考试要点。提问如下:

> 问:我是一名七年级学生。下周,我们就要数学期中考试了。图中是考试范围。你帮我提取其中的考试要点。
>
> 答:以下是七年级数学期中考试范围的核心要点整理,帮你高效复习重点知识。

第七章 相交线与平行线

1. 相交线

- 邻补角（互补）、对顶角（相等）的性质。
- 垂直关系：垂线段最短，点到直线的距离计算。
- 三线八角：快速识别同位角（F型）、内错角（Z型）、同旁内角（U型）。

2. 平行线

- 三大判定方法：同位角相等/内错角相等/同旁内角互补 → 平行。
- 三大性质：两直线平行 → 同位角相等、内错角相等、同旁内角互补。
- 注意区分判定（证平行）与性质（用平行）。

……

第八章 实数

1. 平方根

- 算术平方根（非负性）$\sqrt{a} \geq 0$。
- 平方根双重性：$\pm\sqrt{a}\,(a \geq 0)$。
- 常见平方数：$11^2=121$，$12^2=144$，$13^2=169$ 等。

……

第九章 平面直角坐标系

……

冲刺复习建议：

1. 每天画一次「三线八角」图练角识别。
2. 制作实数分类卡片随身记忆。
3. 用坐标纸练习图形平移变换。
4. 整理错题本重点看平行线证明步骤。

> 考试注意：
> - 几何题必写「∵ ... ∴ ...」推理依据。
> - 实数运算先判断符号再计算。
> - 坐标系题目先标清坐标轴再作图。
>
> 祝考试顺利！遇到具体题目可以再问我详细解法哦~。

DeepSeek 不仅提取了二十多个考试要点，还给出了复习建议和考试注意事项。如果我们对这些考点不确信，可以将其打印出来，请老师帮忙确认一下。确定后，便可以针对性进行复习，查看课本和笔记中的对应内容。

这时，我们面对一个个确定的考试要点，就不会像面对课本和笔记那样焦虑了。只要将这些要点都复习一遍，就能取得理想的成绩。

6.1.2 历年真题筛重点：高频考点热力图

期中考试前三天，希希的同桌神秘兮兮给她微信发了一个压缩包，并留言："其他学校刚考完的真题！"希希迫不及待点开，笑容却凝固了——七八套试卷排列得整整齐齐。她机械地翻着密密麻麻的试题，手指微微发抖。最终她关上手机，轻轻叹了口气："可惜来得太晚了。"

考试前，我们都会打听哪里有真题。有了真题，我们不仅能检验自己的水平，还能据此判断出考试重点，以使自己在考试中取得更好的成绩。因此，拿到真题后，我们做的第一件事情就是停下手头所有事情，把真题做一遍。这不仅打乱了原本的复习计划，还造成了时间浪费。

真题更多的作用是展现考试的重点以及考查方式，尤其是考试重点。我们并不需要花大量的时间做一遍试卷，去获取这些信息，只要把题卷提交给 DeepSeek，它就能提取这些信息。首先，把试卷拍照，然后把图片按照顺序放到一个 Word 文档中，最后将文档提交给 DeepSeek，要求它进行处理。提问方式如下：

> 问：帮我分析一下这套试卷，试卷都考查了哪些知识点。每种知识点的考查方式是什么，分值有多少？
> 答：七年级数学试卷知识点分析
> 一、选择题（共30分，每小题3分）

1. 三角形的构成条件

    考查方式：判断哪组线段不能构成三角形。

    知识点：三角形两边之和大于第三边。

    分值：3分。

2. 三角形内角和

    考查方式：已知两个角的度数，求第三个角的度数。

    知识点：三角形内角和为180°。

    分值：3分。

    ……

二、填空题（共30分，每小题3分）

11. 三角形中线的性质

    考查方式：利用中线性质求三角形面积。

    知识点：中线平分三角形面积。

    分值：3分。

12. 科学记数法

    考查方式：将纳米单位转换为科学记数法表示。

    知识点：科学记数法的表示方法。

    分值：3分。

    ……

三、作图题（共6分，每小题3分）

21. 图形规律

    考查方式：根据图形规律补全图形。

    知识点：观察与归纳图形规律。

    分值：3分。

    ……

四、解答题（共34分）

23. 计算题（8分，每小题4分）

考查方式：代数式的计算与化简。

知识点：多项式乘法、完全平方公式等。

分值：4分/小题。

24. 因式分解（8分，每小题4分）

考查方式：对多项式进行因式分解。

知识点：提取公因式、分组分解、公式法等。

分值：4分/小题。

……

总结

几何知识：三角形性质、图形变换、作图题等，分值约25分。
代数知识：方程、因式分解、指数运算等，分值约45分。
概率与统计：几何概率、排列组合等，分值约12分。
应用题：实际问题的建模与求解，分值8分。

试卷注重基础知识的掌握和综合运用能力，几何与代数并重，同时考查学生的逻辑思维和实际应用能力。

从 DeepSeek 回答可以看出，DeepSeek 首先逐一分析了每道题的考查方式、涉及知识点以及分值，然后按照类型汇总每类所占的总分值。我们可以继续追问每个分类中的具体知识点，如几何类型的具体知识点。提问方式如下：

问：这套试卷都考查了哪些几何知识？

答：七年级数学试卷中的几何知识点分析

本套试卷考查的几何知识主要集中在以下几个方面，涵盖基本概念、性质、作图及实际应用。具体分析如下：
1. 三角形的性质（12 分）
 构成条件（选择题第 1 题，3 分）
  考查内容：判断哪组线段不能构成三角形。
  核心知识点：三角形两边之和大于第三边。
 内角和（选择题第 2 题，3 分）
  考查内容：已知两角求第三角。
  核心知识点：三角形内角和为 180°。
 ……
2. 图形变换（6 分）
 旋转（选择题第 4 题，3 分）
  考查内容：识别图形旋转 90° 后的正确位置。
  核心知识点：图形旋转的性质（方向、角度、对应点位置）。
 ……
总结
1. 分值分布：
 三角形性质：12 分
 图形变换：6 分
 ……
 总计几何相关分值：33 分（占试卷总分约 33%）。

2. 考查特点：
 注重基础几何概念（如三角形、对称性）。
 强调实际应用（如反射作图、概率计算）。
 部分题目与代数知识结合（如面积模型表示恒等式）。
 ……
这套试卷的几何部分对学生的直观想象、逻辑推理和数学建模能力提出了较高要求，符合七年级数学的学习目标。

DeepSeek 将试卷中几何类型的知识点分为 5 个小类，并且分析每类所包含的具体知识点。同时，它还统计了每种类型所占的分支，并总结了考查特点和学生需要掌握的能力。

有了这么详尽的分析后，我们可以调整自己的复习计划。例如，根据分值占比调整复习时间，并保证考卷中的知识点被涵盖。至于考卷的验证作用，可以直接将其拆散，放到平时复习的验证中即可。每复习完几个知识点后，还可以在这个对话中进行提问，要求 DeepSeek 列出与复习知识点相关的习题。

6.1.3 错题本定位难点：私人漏洞清单

期中考试临近，希希焦头烂额地翻着课本，密密麻麻的笔记让她眼花缭乱。"这么多内容，怎么复习得完啊！"她烦躁地合上书。这时，妈妈轻声提醒："别忘了看看错题本。"希希头也不抬："课本都看不过来，哪有时间看错题！"

复习时，我们首先想到的是课本、笔记和练习册，最后才是错题本。当复习时间有限，错题本首先被我们放弃。在我们心中，错题本不仅是最无用的，还记录着自己的"黑历史"。复习它，绝对是对自己的折磨。

在考前复习中，错题本的价值远超我们的想象，甚至高于所做的笔记。因为它是我们的专属"弱点地图"，记录了我们真正不懂和易错的内容。看错题本比复习课本和笔记更为高效，因为笔记和课本大部分内容都是已经掌握的。

所以，当复习时间严重不足时，应该直接以错题本为核心进行突击复习。这时候，可以将错题本的电子版提交给 DeepSeek，要求它提取关键知识点。提问方式如下：

> 问：帮我分析一下错题本，提取其中的知识点、错误原因和出错频率，并按照知识点类型进行归类。
> 答：……

根据 DeepSeek 的分析，我们可以对列出的知识点进行逐个突破，尤其要注意多次出错的知识点。这样，我们就能在最短的时间内取得最大的收获。

6.2　考场必杀技实战训练

临场发挥是考试的"最后一公里"。良好的临场发挥能让掌握的知识更好地转化为考试成绩。因此，我们必须掌握考场必杀技，让自己在考场表现得更好。利用 DeepSeek，我们能更快、更好地掌握这些必杀技。

6.2.1　突发情况应对库：冷静解决意外

　　明天就要考试了，希希想放松一下，课间和同学们闲聊。可话题不知不觉转到了"考场意外"——有人忘带文具，有人考试肚子疼，还有人因为紧张发挥失常……大家说得绘声绘色，希希的心却越揪越紧。回到家，妈妈安慰她："你不会那么倒霉的。"但深夜，希希躺在床上，脑海里全是同学的"恐怖故事"。翻来覆去间，闹钟的滴答声格外刺耳。希希迎来了第一次失眠。

　　"考场意外"是考前回避不开的一个话题。虽然大家都知道这些意外是小概率事件，但还是会有很大的心理负担。父母、老师会

经常安慰我们，但并不能消除我们的忧虑。解决这个问题的最好方式是为每种意外情况找到对应的解决办法。

这时候，可以让 DeepSeek 来给我们出谋划策。提问方式如下：

> 问：我是一名初中生。在考场上，会出现哪些突发情况？一旦发生，该如何应对？
>
> 答：考场上确实可能遇到各种突发情况，提前了解应对方法能帮助你保持冷静。以下是常见的突发情况及应对策略，建议收藏备用：
>
> 一、考前突发情况
>
> 1. 忘带文具/准考证
>   - 应对：立即举手向监考老师说明，考场通常有备用文具。若忘带准考证，先考试后补验证（部分考场允许）。
> 2. 过度紧张手抖
>   - 应对：闭眼做 3 次腹式呼吸（吸气 4 秒—屏住 2 秒—呼气 6 秒），默念"我能专注"。
>
> 二、考试中突发情况
>
> 3. 试卷缺页/印刷模糊
>   - 应对：立即举手更换试卷，耽误的时间可申请补回（注意开考 15 分钟后不能更换）。
> 4. 突然肚子痛/头晕
>   - 应对：示意监考老师，请求去医务室（部分考场允许如厕）。可提前备好风油精嗅吸缓解。
>
> ……
>
> 三、时间管理危机
>
> ……
>
> 五、心理应急技巧
>
> 10. 大脑突然空白

> ……
>
> 重要原则：任何情况都先举手报告，擅自处理可能被视为违规。考前睡眠比突击更重要，状态好能降低80%意外概率。
>
> 建议本周用作业模拟1次考场环境，提前适应紧张感。你最近有特别担心哪种情况吗？可以具体聊聊应对细节。

DeepSeek列举了常见的5大类共10种意外情况，并给出了应对策略。如果我们想到其他意外情况，可继续追问该如何解决。针对我们能想到的每种情况，DeepSeek都能给出应对策略。有了这些方法，我们就不会对各种意外有所恐惧，心情也就自然平复了。

6.2.2 一题多解优选策略：速度与准确率平衡

希希盯着第一页最后一道选择题，手心冒汗。题目给出一个代数式的值，求另外一个代数式的值。她本能地想求第一个代数式中未知量的值，但又觉得比较费时间。犹豫之间，她看到同桌已经在做第二页的填空题了。"她平时学得不如我，怎么会比我快呢？"希希越想越着急，匆忙之间顺着本能选择了最费时间的方法。

在日常学习中，大多数同学会按部就班地求解每道题。遇到一题多解的情况，也只是主要分析每种方法的切入角度是什么，涉及哪些知识点。只考虑解题的准确性，而忽视了解题的速度。这很容易导致我们上了考场就"水土不服"。

考场上的时间非常有限，我们必须在规定时间内求解每一个题目，并且需要确保会做的题得分。同时需要对抗考试带来的紧张感，保持心态平衡，避免各种常见错误。这就要求解题方法要简单、步骤要少。

所以，在复习时，我们不仅要掌握更多的解题方法，还需要考虑每个方法的适用性和便捷性。通常，一个解题方法适用范围越大，其便捷性越低。反之，一个方法的便捷性越高，其适用性越低。例如，求解一元二次方程有五种解法。其中，完全平方法最为便捷，但只适用于完全平方这种特殊形式；使用求根公式的公式法最为通用，所有的一元二次方程都能使用，但便捷性很差，因为计算量很大。其他三种方法居于这两者之间，各有适用场景。

如果自己总结这些规律，需要花费大量的时间。现在，有了DeepSeek，我们就能直接得到结论，加以印证。例如，询问一元二次方程的解法情况，提问如下：

> 问：一元二次方程有几种解法？每种方法适用性和便捷性如何？
> 答：一元二次方程 $ax^2+bx+c=0$（$a \neq 0$）主要有5种解法，其通用性和便捷性对比如下：
>
> | 解法 | 适用性 | 便捷性 | 适用场景 |
> |---|---|---|---|
> | 公式法（求根公式） | 通用，适用于所有一元二次方程 | 计算量较大，但可靠 | 方程复杂或难以因式分解时使用 |
> | 配方法 | 通用，但计算较烦琐 | 步骤多，适合推导或证明 | 需要理解方程本质或推导公式时 |
> | 因式分解法 | 仅适用于可因式分解的方程 | 最快捷，若适用则优先使用 | 方程明显可分解为 $(x-p)(x-q)=0$ 时 |
> | 图像法（求交点） | 近似解，依赖作图精度 | 直观但不精确 | 需要估算解或验证结果时 |
> | 完全平方法 | 适用于特殊形式（如 $x^2+2kx+k^2$） | 极快，但限制较多 | 方程符合完全平方形式时优先用 |

> 推荐策略（考试时）
> 1. 先尝试因式分解法（尤其系数较小时）。
> 2. 若无法分解，直接用求根公式（避免配方法浪费时间）。
> 3. 特殊形式（如 $x^2=a$）直接开平方。
>
> 示例对比
> 　　因式分解法最快：$x^2-5x+6=0 \to (x-2)(x-3)=0$，秒解 $x=2,3$。
> 　　公式法最稳：$2x^2+3x-4=0$ 无法因式分解，直接套公式。
> 总结：平时练习应掌握所有方法，但考试时优先选择因式分解法和公式法以节省时间。

　　DeepSeek 不仅分析了每种解法的适用性、便捷性和适用场景，还给出了考试时的推荐策略。根据这些内容，我们多想象一下考试环境，按照推荐策略模拟答题，就能很快掌握这些答题技巧了。

6.2.3　压力缓解工具箱：三分钟平静术

　　希希走进考场时，手心已经开始冒汗。终于等到试卷发下，她深吸一口气，勉强平复一下心情，开始答题。可做到第 10 题时，她僵住了——这道题她上次做错过！她反复演算，每次都在最后一步发现错误，草稿纸很快写满了一整页。

　　"还有半小时交卷。"老师的声音突然响起。希希心头一凉："完了……"可就在绝望的瞬间，她反而冷静下来，丢开纠结的题目，笔尖飞速写完了剩余试卷。铃声响起时，她怔怔地看着那道空了一半的难题，不明白当时为什么那么纠结。

　　考试紧张是每个人都遭遇过的，只是每个人表现不同。例如，有的同学会手抖、出汗；有的同学会呼吸加速；有的同学会面部发红或者发白……很多时候，我们并不知道自己处于紧张状态，只是觉得与平时有所不同。

引发紧张的因素有很多。陌生的教室环境，走来走去的监考老师，倒计时得到提醒会让我们心情紧张。考试题型突变，被某个难题卡住，发现前面的题目错误也会让我们心情紧张。某个知识点没有复习、考前肚子疼，总想把每个题都做对还会让我们心情紧张。

面对这么多的因素，我们根本无法完全避免，能做的只有通过一些措施平复情绪。这时，我们会发现，老师、家长和同学有着五花八门的应对方法，如默念"不要紧张"、深呼吸、上厕所等。要想获得有效方法，可以问问 DeepSeek。提问方式如下：

> 问：对于初中生，在考场上紧张了，该怎么办？
> 答：当初中生在考场上感到紧张时，可以尝试以下方法快速调整状态，这些建议简单实用，适合考场环境：
>
> 1. 生理调节（1分钟应急）
>
>   深呼吸：用"4-7-8 呼吸法"（吸气4秒→屏息7秒→呼气8秒），重复3次。这种有节奏的呼吸能直接降低心率。
>
>   肌肉放松：在座位上紧握拳头5秒→突然松开，感受张力释放（可对脚部、肩膀做同样动作）。
>
> 2. 心理暗示（30秒急救）
>
>   替换思维：把"我好紧张"换成"我身体在准备爆发状态"，利用紧张感提升专注力。
>
>   5秒法则：默念"5-4-3-2-1"倒数打断恐慌，立即开始读第一道题。
>
> 3. 考场实用技巧

焦点转移法：用橡皮擦轻轻擦拭答题卡边缘，通过触觉转移注意力。

　　分段计时：把考试时间分成几个"25分钟番茄钟"，每个时段后允许自己休息30秒（可喝水/活动手指）。

4. 预防性准备

　　考前晨练：考试当天早晨做5分钟开合跳，提前释放压力激素。

　　备"安心物"：带上有特殊意义的文具（如幸运笔），触碰时可唤起平静感。

特别提醒：如果出现手抖、视线模糊等严重反应，可举手请求短暂离场（如去卫生间），用冷水轻拍手腕能快速恢复镇定。

记住：适度紧张能提升表现，多数人考前心率都会加快。考场不是完美主义的舞台，而是"完成比完美更重要"的实战场所。当你开始书写第一个字时，身体自然会进入应考状态。

　　DeepSeek给出了多种释放紧张情绪的方法。在考试前的复习阶段，可以演练一下。这样，到了考场上，我们就能熟练应用，快速平复紧张的心情。

6.3　考后复盘三重奏

　　考试后复盘是提升学习效能的关键环节，需要系统化、结构化地看待。大部分同学由于能力受限，只能做到"知道错在哪里"，而无法做到"确保不再犯"。现在借助DeepSeek，我们就能得到个性化的学习改进方案，实现阶梯式跃升。

6.3.1 逐题验证：确保真知而非猜测

考试结束，试卷发下，希希紧盯着自己答错的选择题。老师讲解时，只分析正确选项的优点，却对错误选项避而不谈。希希咬着笔头，眉头紧锁——她不明白自己错在哪里。"也许该问问……"她犹豫着举手，又在老师扫视全班时悄悄放下。"算了，问题太多，会被嫌烦吧……"她低下头，默默地把疑惑咽了回去。

考试后，老师都会带着同学们把试卷统一过一遍。通常，老师会简略提一下简单题，详细讲解复杂题，尤其是大家错的多的题目。但是，这种讲解对于个人来说并不友好，因为很多错误情况并不会被涵盖。

我们更需要一对一的辅导，把每个题目的每个选项、每种情况都讲解一遍。只有这样，我们才能明白自己错在哪里，错误的原因是什么，该如何改正。现在有了 DeepSeek，能逐题进行验证。为了便于 DeepSeek 识别，最好向老师要到试卷的电子版，或者拍一张空白试卷。否则，我们需要将自己的试卷拍照下来，然后将解答部分涂改掉，以避免 DeepSeek 识别错误。

由于 DeepSeek 一次能识别的内容有限，对于字数多的试卷，可能需要将其分成多个文档。例如，英语和语文试卷的文字比较多，需要分为两个文档。然后，将试卷提交给 DeepSeek，开始以下提问：

> 问：这是我已经考完的七年级英语试卷。现在，我需要对试卷进行复盘。你输出一个题目，然后进行分析。我提交对应的答案，然后你进行评判。接着，你输出下一个题目。在我提交答案之前，你不能输出下一个题目。

在提问时，我们要说明试卷是几年级的，并提出要求——必须对每个题目进行分析，然后要求采用问答形式逐一进行。

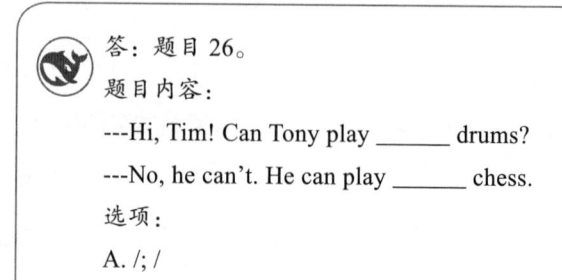

> 答：题目 26。
> 题目内容：
> ---Hi, Tim! Can Tony play _____ drums?
> ---No, he can't. He can play _____ chess.
> 选项：
> A. /; /

B. the; the
C. the; /
D. /; the

考查知识点：冠词的用法。
　　乐器前通常加定冠词"the"（如 play the drums）。
　　棋类运动前不加冠词（如 play chess）。
正确答案：C。
请提交你的答案，我会判断对错并给出解析。

DeepSeek 输出题目和备选答案，分析考查的知识点，并给出正确答案。我们提交自己的答案，如下所示。如果需要提交完整的解题过程，可以直接拍照上传。

问：我选的是 C。
答：你的答案：C。
判断：正确！
解析：
　　"play the drums"中，乐器"drums"前需要加定冠词"the"。
　　"play chess"中，棋类运动"chess"前不加冠词。

继续下一题：

题目 27：
题目内容：

Miss Clark is good ____ music, and she is good ____ children in the music club.

选项：

A. at; with

B. for; at

C. with; at

D. at; for

考查知识点：固定搭配。

"be good at"表示"擅长某事"。

"be good with"表示"善于与某人相处"。

正确答案：A。

请提交你的答案。

如果我们回答正确，DeepSeek 先进行肯定，然后给出下一个题目以及分析。我们提交自己的答案，继续往下进行。

问：我的答案是 A。

答：你的答案：A。

判断：正确！

解析：

……

请提交你的答案。

问：我选的是 C。

答：你的答案：C。

判断：正确！

> 解析：
> ……
> 请提交你的答案。

如果我们提交的答案是错误的，DeepSeek 就会分析错误的原因，并给出总结。

> 问：我选的是 A。
> 答：你的答案：A。
> 判断：错误！
> 错误原因：
>
> 第一空错误：
> ……
> 总结：
> 　系动词 + 形容词（taste good）。
> 　行为动词 + 副词（sell well）。
>
> 继续下一题：
> ……
>
> 请提交你的答案。

有时候，虽然我们得到了正确答案，但并不一定掌握知识点。如果出现这种情况可以提出来，让 DeepSeek 进行专门解释。这样能够避免 DeepSeek 误以为我们掌握了对应知识。提问形式如下：

> 问：我选择 B，但是我不明白为什么 seven year old 之间要加连字符。
>
> 答：你的答案：B。
>
> 判断：正确！
>
> 关于连字符的详细解释：
>
> 1.复合形容词规则：
>
> 　当用连字符连接数字和名词（如 year-old）时，名词必须用单数形式，整体作为形容词修饰后面的名词（girl）。
>
> 　正确结构：数字 - 单数名词 - 形容词（如 a seven-year-old girl）。
>
> 　例句：She is a five-year-old student.（√）
>
> 2.不加连字符的情况：
>
> ……
>
> 3.为什么用连字符？
>
> ……
>
> 继续下一题：
>
> 题目 34：
>
> 题目内容：
>
> ……

DeepSeek 在确认答案后，专门回答了我们的问题，并且给出了例句。这样，我们就消除了一个隐藏的知识盲区。按照这个方式把整个试卷里的题目都过一遍。期间，对每个题目的分析也都过一遍。遇到没有掌握的要及时追问。

6.3.2　错题整理：找到学习弱点

考试结束后，老师要求大家总结错题。希希认真地把所有错题抄在错题本上，旁边还写上错误原因，心想这样总该没问题了。可老师看了后却摇了摇头："这样的总结不对。"希希很困惑："错题都整理出来了，还要怎么总结？"

考试后的总结是学习过程中最有价值的环节。它不仅能帮助我们发现知识漏洞，还能为后续学习提供调整依据。同时，它还能促进我们对自身思维过程的觉察，提升元认知能力，并降低后续考试的焦虑。虽然考试后的总结非常有价值，但做起来并不容易。

首先，需要对考试出现的错误进行汇总，将做错的、不完全理解的、蒙对的题目挑选出来。然后，将这些题目进行分类，如按照题型、知识点类型、出错原因等分类。最后，总结出自己的学习弱点。

由于对科目掌握得并不好，会导致分类、分析工作很难进行。现在有了DeepSeek，可以让它帮我们进行归纳。和DeepSeek一起分析过试卷的每个题目后，可以让它进行总结。提问方式如下：

> 问：分析我对题目26到题目85的作答，帮我找出所有的学习弱点。

> 说明：
> 　　由于前面25个题目都是听力题，所以直接从题目26开始进行分析。

答：以下是针对你题目 26-85 作答情况的全面分析，帮你精准定位学习弱点：

一、知识弱点分类统计

错误类型	题号	错误数量
语法规则	29, 40, 51, 80	4 题
词汇辨析	36, 58, 78, 84	4 题
固定搭配	34, 54, 74	3 题
语境理解	38, 65, 85	3 题
细节疏忽	76（复数），81（大小写）	2 题

二、具体弱点解析

1. 语法规则薄弱点

    三单问题（题 80）：

    - 错误：computer *make* people clever
    - 正确：computer makes（主语 it 是单数）
    - 强化训练：主谓一致专项练习，尤其注意 "make/let" 等使役动词。

    宾语从句语序（题 40）：

    - 错误：where *is* the post office（疑问语序）
    - 正确：where the post office *is*（陈述语序）
    - 口诀：宾语从句三要素——连接词＋主语＋谓语。

2. 高频词汇混淆

    ……

3. 固定搭配漏洞

    ……

4. 语境理解偏差

> ……
>
> 三、针对性提升计划
>
> 1. 语法专项训练（每日 10 分钟）
>   - 重点：三单变化 / 宾语从句语序 / 感官动词
>   - 推荐资源：
>   ……
> 2. 词汇分类记忆表
>
> ……
>
> 四、你的优势领域
>
> 1. 细节定位能力：阅读理解（A/B/C 篇）几乎全对。
> 2. 固定搭配敏感度：arrive late/study hard 等答得精准。
> 3. 幽默感知：能理解 homework 的潜台词。
>
> 保持方法：继续通过英文漫画 / 短视频强化语感！

DeepSeek 首先将我们的出错题目进行汇总，并按照知识点类型进行分类，如语法规则、词汇辨析、固定搭配、语境理解等；然后，它列出具体的弱点，并进行简要的分析；接着，它给出了简略的提升计划，如语法专项训练、词汇分类记忆、文化理解等；最后，它还给出了我们的优势领域。

通过这样的复盘总结，我们就知道自己的学习弱点在哪里。在后续学习中，就可以着重关注这些弱点，以便在下次的考试中取得更好的成绩。

6.3.3　定制巩固计划：从补漏到超越

在 DeepSeek 的帮助下，希希终于知道自己英语的学习弱点在哪里了。为了解决这些弱点，希希信心满满地制订了计划，打算 7 天内实现巩固和提升。可当她真正执行时，却发现困难重重。她翻遍课本和笔记，却找不到知识点的详细讲解；好不容易整理出几条规则，又发现缺少合适的例句；想找新题自测，手头的练习册却早已做过。

希希的问题也是我们经常遭遇的问题。面对厚厚的课本、笔记和练习册，我们往往需要花上十几分钟才能找齐一个知识点对应的讲解和例句。当准备自测时，又会发现根本无新题可做。这让我们制订的巩固和提升计划总是无疾而终。

这时候，可以求助 DeepSeek，让它生成一个巩固计划，包含需要的所有资料。例如，我们要制订一个 7 天的巩固计划，可以在前面的对话中继续提问：

问：基于以上学习弱点，你帮我做一个 7 天的巩固和提升计划。里面要包含对应的知识点详细讲解、示例和自测题。

答：以下是为你量身定制的 7 天英语弱点攻克计划，每天聚焦 1—2 个核心弱点，包含讲解、示例和自测题。坚持执行，进步肉眼可见！

Day 1-2：语法三单 + 宾语从句
📖 知识点讲解
1. 三单规则：
   • 主语是 he/she/it/ 单数名词时，动词加 s/es
   • 特例：have → has；go → goes；study → studies
2. 宾语从句语序：

- 连接词＋主语＋谓语（陈述句语序）
- 错误：Do you know where is the school?
- 正确：Do you know where the school is?

📎 示例

- The cat (make) → makes
- Could you tell me how I (can get) → can get to the station?

📝 自测题

1. She always (do) _____ her homework carefully.
2. I wonder what time the movie (start) _____.
3. The teacher told us that the Earth (revolve) _____ around the Sun.

> 答案：1. does 2. starts 3. revolves

Day 3：感官动词＋使役动词
📖 知识点讲解
1. 感官动词：
……

★ 每日学习流程建议

1. 早晨 15 分钟：朗读当天知识点例句。
2. 午间 10 分钟：完成自测题。
3. 睡前 5 分钟：用错题本记录易错点。

📌 跟踪工具推荐

- 单词卡 App：Quizlet（创建个人易错词库）
- 语法检查：Grammarly（检测写作中的三单错误）

> 坚持 7 天,你的语法准确率将提升 40%!需要任何调整或补充材料随时告诉我。

按照要求,DeepSeek 制订了一个 7 天学习计划。在每天的计划中,它列出了要学习的知识点,并附带了简略讲解、实例和自测题。最后,它还给出了学习建议。如果我们觉得具体的知识点讲解不够详细,示例和自测题数量不够,可以追问,让它加以修改,提问如下:

> 问:以上内容中,知识点讲解不够详细,示例也偏少,自测题也偏少。

当 DeepSeek 给出的计划足够详细后,可以把内容打印出来。这样,我们就能直接进行知识点巩固,而不用四处翻书找资料了,学习的效率自然能得到提升。

第 7 章
语文专项突破：
阅读 + 文言文 + 写作三线攻略

语文是核心的基础学科，直接影响到其他科目的学习。在学习语文的过程中，我们却面临三大问题。在阅读理解中，读得懂，却答不准；在文言文中，学得像"外语"一样难；在作文中，要么无话可说，要么废话连篇。现在有了 DeepSeek，我们将从这三线并行突破，实现语文的高效学习。

7.1 阅读理解提分引擎：三层突破法

阅读理解是语文科目的一个核心模块？主要考查我们对文章的掌握和两种能力，这两种能力即深层含义的挖掘能力和批判性的思考能力。这就要求我们不仅要读懂字、词、句，还要能把握文章结构，深挖底层深意。DeepSeek 可以排除其中的各种障碍，提升我们的阅读理解能力。

7.1.1 字词侦探所：扫清理解路障

语文课上，希希读到"孔乙己排出九文大钱"时，"噗嗤"笑出声来。"这人真闲，数清楚不就行了，还非要排整齐！"她戳戳同桌，"像不像咱们玩弹珠摆一排？"王老师扶了扶眼镜："'排'字是孔乙己的炫耀。他穷困潦倒，却偏要学阔人派头，这动作正是他可怜又可悲的尊严。"希希一下目瞪口呆，"还能这样理解？"

字词是文章的基本元素。正确理解字词是读懂文章的先决条件。在汉语中，常见字以千来计，常用词则以万来计。同时，很多字词在具体语境中会具有特殊含义和不同的感情色彩。这就要求我们能根据上下文正确理解。

在阅读理解练习中，不仅需要手头常备字典、词典，还需要结

第7章 语文专项突破：阅读+文言文+写作三线攻略

合上下文灵活判断。频繁的查字典和词典会花费大量的时间，降低学习效率。同时，结合上下文理解并不是一件简单的事情。现在借助 DeepSeek 这个百科全书，我们做这些工作就变得容易了。首先，需要将阅读理解文章拍照，上传给 DeepSeek，然后进行提问：

> 问：我是一名初中生。这是我要做的一篇阅读理解。其中，哪些字词是不常见的？
>
> 答：这篇散文中的以下字词对初中生来说可能不太常见，需要重点注意：
>
> 1. 淼（miǎo）：
>   - 结构：由三个"水"组成的会意字，表示水势浩大的样子。
>   - 常见组词：浩淼、烟波浩淼。
>
> 2. 惊愕（jīng è）：
>   - 词义：吃惊而发愣。
>   - 近义词：震惊、错愕。
>   - 注意"愕"字的读音和写法。
>
> 3. 忙不迭（máng bù dié）：
>   - 成语：急忙、连声。
>   - 例句：他忙不迭地道歉。
>
> ……
>
> 8. 夺眶而出（duó kuàng ér chū）：
>   - 形象化表达：眼泪突然涌出。
>   - "眶"指眼眶，注意与"框"区分。
>
> 建议学习策略：
>
> 1. 结合上下文推测词义。
> 2. 制作生字卡片（正面写字词，背面写拼音和解释）。

3. 关注会意字"淼"的造字逻辑。
4. 注意多音字在不同语境中的读音变化。
5. 积累描写情感的词汇(如"黯然")。

这些字词的掌握不仅能帮助你理解本文,对提升你的文学鉴赏能力和写作表达也很有益处。遇到类似散文时,可以重点标记描写人物心理和场景的生动词汇。

DeepSeek列出了8个不常见的字词,并给出简单解释,如读音、词义、例句等。对于其他的字词,我们也可以进行提问,如下所示:

问:第一段中的"斯文"是什么意思?
答:"斯文"在文中的具体含义:

1. 基本释义
   - 原指《诗经》中的雅乐和礼仪(本义已不常用)。
   - 现代汉语中多形容文雅、有教养的举止或气质,例如:
     ◦ 斯文败类(表面文雅实则品行差的人);
     ◦ 说话斯斯文文。

2. 上下文分析
   - 原文语境:"颇懂得斯文的外公"。
   - 结合主人公外公起名"淼"的细节(三水为淼,体现文化涵养)。
   - 此处强调外公有学识、讲究礼节,暗示其文化人的身份。

3. 近义词辨析
   ……

> 4. 延伸思考
> ……
> 学习建议：
> 在阅读中遇到类似词语时，可尝试用"替换法"理解，例如将"斯文"替换为"儒雅""文雅"等词，结合上下文判断是否通顺。同时注意这类词语常被用于塑造人物形象，如《孔乙己》中"穿长衫的斯文人"就暗含讽刺意味。

DeepSeek 不仅给出"斯文"的来源，还结合上下文说明了它在这里的含义。这远比词典给出的解释更有针对性。

另外，我们也可以让 DeepSeek 总结哪些字词的含义发生了变化，这样更有助于理解文章的主旨。提问方式如下：

> 问：在这篇文章中，哪些字词不再表示本意，需要根据上下文重新理解含义？
> 答：在这篇文章中，以下字词的含义因上下文发生了转变，需要结合具体情境重新理解：
>
> ……
>
> 3.「惊愕」（第一段）
> - **本意**：单纯表示吃惊。
> - **文中含义**：
>   ○ 代际冲突：母亲对孩子突然要求"尊严"的无所适从，暗含传统家长权威的动摇。
> ……

5.「喋喋」（第四段）
- 本意：贬义词，指说话啰嗦烦人。
- 文中含义：
  - 父爱外化：父亲反复叮嘱的"喋喋"，转化为掩饰离别焦虑的笨拙关怀。

……

8.「体面」（第一段）
- 本意：外表得体、合乎礼仪。
- 文中含义：
  - 身份焦虑：父亲为孩子取学名的动机，反映底层家庭对社会认同的渴望。

总结：语境如何重塑词义
这篇文章通过家庭叙事重构了日常词汇的含义，例如：
- 从物理到情感（如"森儿"从"水势大"变为亲情符号）。
- 从个体到象征（如"追火车"从动作描写升华为代际关系的隐喻）。
- 从贬义到温情（如"喋喋"从负面评价转为父爱表达）。

阅读启示：
在文学作品中，需特别注意重复出现的词汇和情感强烈的场景，这些往往是作者埋设词义转化的关键位置。例如文中"森儿"共出现7次，每次呼唤的情感重量皆不同，串联起完整的成长主题。

DeepSeek列出了8个本义发生改变的字词。例如，"喋喋"的感情色彩从贬义变为了中性；"体面"包含新的含义，即"底层家庭对社会认可的渴望"。

通过 DeepSeek 的辅导,我们不仅能掌握新的词汇,还能熟悉字词含义转换的方式。这为深入理解文章做好了铺垫工作。

7.1.2 结构拆解局:把握文章骨架

希希盯着试卷上的阅读理解,额头冒汗。"时间、地点、人物……"她默念着,笔尖疯狂划动,却怎么也凑不齐记叙文的六要素。"到底缺哪个?"她急得直咬笔帽。同桌瞥了她一眼,轻飘飘地说:"这是散文。老师常说形散神不散,哪有那么多要素?"希希这才发现,自己选错了拆解结构的方向。

拆解文章结构是阅读理解的核心能力,它能帮助我们理清文章思路,抓住重点信息。在拆解时,首先要明确文章体裁,区分记叙

文、说明文、议论文或者散文；然后，快速通读，定位核心信息；接着，要确定段落功能，了解每个段落在文章中的作用；最后，梳理逻辑关系，判断常见的四大关系，如因果链、对比关系、总分结构和时序推进。

很多同学由于缺乏足够练习，容易出现各种错误，如文体判断出错、结构识别错误、找不到框架等。现在，我们可以让DeepSeek手把手教我们完成这些工作。

（1）与DeepSeek讨论这篇文章的体裁是什么。提问方法如下：

> 问：这篇文章的体裁是什么？判断依据是什么？
> 答：这篇文章的体裁判断与依据。
>
> 体裁判定：叙事散文（或抒情性短篇小说）。
>
> 判断依据：
> 1. 主题与内容
>   - 家庭叙事：围绕母子关系、代际冲突展开，聚焦个人成长中的情感蜕变（如"淼儿"到"高翔"的姓名转变）。
>   - 微观视角：通过切瓜、生日聚会、火车站送别等生活细节，折射普遍性家庭问题，而非宏大的社会议题。
>
> 2. 语言风格
>   ……
>
> 3. 结构特征
>   ……
>
> 4. 文学手法
>   ……

5. 文本功能
……
争议点辨析：
若进一步细分，可考虑以下两种可能：
……

核心判断标志：
- 散文特征：情感驱动、语言诗化、结构松散。
- 小说特征：因果明确的情节链、人物心理动态发展。
- 本文更偏向散文：因其通过碎片场景构建情感张力，且未明确交代人物命运结局（如母亲是否真正适应"高翔"的称呼）。

结论
这篇文章属于叙事散文，具备强烈的抒情性与象征性。其通过日常生活细节的解码，完成对家庭关系的文学化重构，符合散文"以小见大""借物咏怀"的核心特质。

DeepSeek 将文章判定为散文，并从 5 个方面给出判断依据，如主题与内容、语言风格、结构特征、文学手法等。另外，它总结了散文的特征，如情感驱动、语言诗化、结构松散。如果我们对其有疑问，可以继续追问。例如，它为什么不是一篇记叙文？提问如下：

问：它为什么不是一篇记叙文？

这样，我们就能更具体地明晰记叙文和散文的差异。

（2）快速通读一遍文章，用笔标记核心信息，然后和DeepSeek对照，验证自己判断的准确性。提问如下：

> 问：作为一篇散文，这篇文章的核心信息有哪些？
> 答：作为一篇散文，这篇文章通过象征与细节交织，传递出以下核心信息：
>
> 1. 代际关系的永恒悖论
> - 矛盾本质：父母之爱既想保护孩子的童真（如坚持呼唤"森儿"），又不得不助推其独立（如最终接受"高翔"的学名）。
> - 文化隐喻：传统家庭伦理（以血缘为纽带）与现代个人主义（以社会身份为标尺）的碰撞。
> - 例证：母亲生硬改口的"高翔"不仅是称呼变化，更是两代人价值观妥协的缩影。
>
> 2. 成长作为身份撕裂的过程
> ……
>
> 3. 中国式亲情的表达困境
> ……
>
> 4. 时间暴力下的亲情挽歌
> ……
>
> 5. 姓名作为文化符码的暴力与温情
> ……
>
> 总结：散文的复调表达
> 这篇文章的核心信息并非单一论点，而是通过多重象征的共振构建出立体主题：
> ……

对于 DeepSeek 总结的内容，如果我们存在疑虑，可以追问它是如何判断出来的。

（3）先试着总结每个段落的大意，并判断它所发挥的作用，然后和 DeepSeek 的总结进行对照，提问如下：

> 问：在这篇散文中，每个段落的功能是什么？
> 答：以下是这篇散文各段落在整体结构中的功能分析，结合情感推进与意象网络进行解读：
>
> 第一段：冲突的爆发与主题锚定
> 功能：
> 1. 人物关系定调：通过母亲"惊愕"的特写，瞬间暴露代际矛盾（小名"森儿"与学名"高翔"的冲突）。
> 2. 核心意象植入：首次出现"森"字的三重水结构，埋下"水"作为贯穿全文的隐喻线索。
> 3. 叙事视角确立：以主人公的抗拒（"不是小孩子了"）开启身份焦虑的叙述。
>
> 关键词：惊愕、森儿、高翔。
> 象征触发：名字成为撕裂童真与成年的第一把刀。
>
> 第二段：回溯与对照
> ……
> 第三段：身份焦虑的具象化
> ……
> 第四段：离别的仪式与救赎
> ……

> 总结：形散神聚的结构密码
> 这篇散文通过四个段落实现：
> 1.冲突引爆（当下）→2.记忆回溯（过去）→3.创伤外化（社会）→4.终极和解（哲学）
>
> 每个段落看似独立场景，实则被"姓名政治""代际时间差""工具暴力"（刀/火车）三重隐喻严密缝合。这种结构既保留散文的自由灵动，又具备小说的叙事推力，最终在火车呼啸声中完成对中国式亲情悖论的诗性解剖。

DeepSeek 分别列出 4 个段落的功能、关键词和作用，最后还进行了总结。我们将自己的总结与之对照，寻找差异之处。

（4）尝试梳理逻辑关系，并与 DeepSeek 进行讨论。提问如下：

> 问：在这篇散文中，段落之间的逻辑关系是什么？
> 答：在这篇散文中，段落间的逻辑关系并非线性叙事链条，而是通过情感张力、意象复现与主题变奏构建的立体网络。以下是其内在逻辑的层次解析：
>
> 一、情感逻辑：从撕裂到和解的螺旋上升
> ……
> 二、意象逻辑：符号的变形与增殖
> ……
> 三、时空逻辑：记忆与当下的互文纠缠
> ……
> 四、主题逻辑：文化命题的层叠展开
> 1.表层→深层命题的推进

> ……
>
> **总结：散文逻辑的织体美学**
>
> 这篇文章的段落关系犹如交响乐的复调结构：
> - 横向：各段落如不同乐器声部，各自发展却又相互呼应（如"刀"的意象在不同段落变奏）。
> - 纵向：情感、意象、时空、主题四重逻辑垂直叠加，形成共时性的意义密度。
>
> 这种非线性的逻辑网络，恰恰贴合散文"形散神聚"的美学本质——看似断裂的场景，实则在象征层面被严密缝合，共同指向代际关系中"爱的不可言说性与必然伤害性"这一终极命题。

DeepSeek 从 4 种逻辑角度分析了段落之间关系。这可以帮助我们查漏补缺，加深对文章的理解。

7.1.3 深潜挖掘组：解码隐藏信息

在阅读理解题型中，需要解决两个问题，即分辨修辞手法和文章结合实际。对于修辞手法，不仅需要突破字面理解，还要理解作者的表达意图。例如，在《故乡》中，鲁迅使用圆规比喻杨二嫂，不仅生动展现了杨二嫂的形象，还对她进行了讽刺。

对于文章结合实际，指不仅要理解文章的主旨，还要将其迁移到我们的生活中。例如，课文《愚公移山》通过讲述愚公以耄耋之龄挑战太行、王屋二山的壮举，展现了"人定胜天"的思想。我们还要思考这种精神对于现实的意义。

要解决这两个问题，都需要突破文字表面形成深度理解。这对我们的理解能力提出了极高的要求。现在借助 DeepSeek，我们可以进行专项突破，培养对应的理解能力，轻松解决这两个问题。每次拆解结构之后，可以让 DeepSeek 列举文中使用的修辞手法，以及对应的作用。提问方式如下：

> 问：在这篇文章中，哪些地方使用了修辞手法？它们都发挥了什么作用？
>
> 答：在这篇文章中，作者通过多种修辞手法构建了丰富的象征网络和情感张力，以下是主要修辞手法及其作用的分析：
>
> 一、象征（Symbolism）
> 1.「淼」与「高翔」的姓名象征
> - 作用：
>   身份对立：
>   ◦"淼"（三水）象征家庭纽带中的柔性与童真；
>   ◦"高翔"（高飞）象征社会身份的刚性与独立。
>   文化批判：通过姓名冲突隐喻传统文化（重血缘）与现代价值观（重个体）的撕裂。
> - 例证：母亲追火车时呼喊"淼儿"，让水的意象最终升华为超越代际矛盾的永恒情感。
>
> ……
>
> 六、反讽（Irony）
> 1.「体面」的学名追求
> - 作用：
>   ◦价值颠覆：父亲为孩子取"高翔"以求社会体面，反使其在家庭关系中陷入更深的"不体面"（母子疏离）。

- 文化悖论：对世俗成功的追求反而摧毁了亲情的纯粹性。
- 例证：学名本为彰显尊严，却导致母亲"绕口"的尴尬，构成行为与目的的不一致。

总结：修辞网络的终极使命。
……

DeepSeek 总结文章中的修辞手法，并且将其归为 6 类。对于每一处修辞手法，DeepSeek 都分析了其作用。对于它没有列出的，我们也可以继续追问，确认是否有遗漏。

同样，我们也可以让 DeepSeek 帮助我们思考如何把文章和实际联系在一起。提问方式如下：

问：这篇文章的主旨和作为一名初中生的我有什么关系？
答：这篇文章的主旨与作为初中生的你息息相关，因为它揭示了每个青少年在成长过程中都可能经历的困惑与蜕变。以下是你可以结合自身生活的理解角度：

1. 你正在经历的「身份切换」
   - 文中映射：主人公从"淼儿"到"高翔"的挣扎，正是你从"孩子"向"小大人"过渡的缩影。
   - 你的日常：
     - 是否曾要求父母别再叫你的小名？
     - 是否觉得某些家庭习惯（如当众叮嘱穿衣吃饭）让你尴尬？
   - 启发：
     这种矛盾不是"叛逆"，而是成长的正常诉求——你在争取被尊重为独立个体。

> ......
> 5. 未来可能的「和解预演」
> ......
>
> 总结：你的成长就是散文的续写。
> 这篇文章像一面镜子，让你看清：
> - 那些与父母的摩擦不是"战争"，而是两代人用不同语言书写同一份爱。
> - 每一次要求独立、每一次尴尬脸红、每一次赌气关门，都是成长小说的珍贵章节。
>
> ......

在提问时，需强调自己的身份，以便于DeepSeek能站在我们的角度进行思考。在回答时，它列出5种角度，并结合日常生活进行举例。这样，我们就更容易掌握这种思考方式。

7.2 文言文破译密码：古今穿越三件套

文言文是语文科目中的一大难点。这种难往往表现为各种古今差异，如古今异义、生僻字、文化专有词等。同时，由于我们缺乏必要的历史常识，让文言文学习难度加倍。现在有了DeepSeek，我们就能节省大量查阅资料的时间，实现文言文的高效学习。

7.2.1 文言字词解码器：攻克"之乎者也"

希希咬着笔杆，盯着练习册。"学而时习之"的"之"指知识；

"千里之马"的"之"是"的";可"师道之不传也久矣"的"之"呢?她偷瞄同桌,却见同桌在书上画了一个举着"之"字牌的小人,旁边标注:"此字有七十二变!"希希"噗嗤"笑了,但回过头看练习册的问题,还是一头雾水。

在学习文言文时,我们首先遇到的就是词汇问题,尤其是虚词。虚词几乎没有实际意义,却发挥着重要的作用,如语法功能、语气作用等。这些虚词不仅频繁出现,还词义多变。例如,虚词"之"既可以代指人或者物,也可以表示"的",还可以引出补语,甚至可以作为动词使用。

虚词是文言文语法的重要支柱,掌握虚词的用法是理解文言文的关键。在学习文言文时,必须分辨每个可能出现的虚词,掌握其使用规律。每阅读完一篇文言文,我们都可以让 DeepSeek 筛选一遍,验证我们的理解。例如,学习欧阳修的《卖油翁》,可以让 DeepSeek 对其中出现的虚词进行总结。提问方式如下:

> 问:在欧阳修的《卖油翁》中,有哪些虚词出现了?它们都发挥什么作用?
>
> 答:欧阳修的《卖油翁》是一篇短小精悍的文言文,通过陈尧咨与卖油翁的对话阐述"熟能生巧"的道理。文中虚词运用灵活,对句意衔接、语气表达和逻辑关系起关键作用。以下是文中出现的主要虚词及其具体功能分析:
>
> 一、虚词列表与作用解析
> 1. 之
> - 作代词(代指人、事、物):

- 例:"睨之,久而不去。"(代指陈尧咨射箭的动作)
- 例:"但微颔之。"(代指陈尧咨射箭十中八九的表现)
- 作助词(表修饰关系,相当于"的"):
- 例:"以我酌油知之。"(无实义,辅助引出动作对象)

2. 以

……

9. 但

- 作副词(表限止,相当于"只是"):
- 例:"但微颔之。"(轻微点头,表不以为意)

二、虚词对文意的关键作用

1. 逻辑衔接:

- 连词"而"贯穿全文,连接动作与结果(如"释担而立")、转折(如"久而不去"),使叙事流畅。

……

三、虚词学习启示

1. 结合语境判断功能:

- 例如"以"在文中既有介词("以此自矜")又有连词("以我酌油知之")用法,需通过上下文区分。

……

总结:《卖油翁》通过虚词的灵活运用,使叙事简洁生动,人物对话富有层次。掌握这些虚词,不仅能精准理解文意,还能深入体会文言文"言简义丰"的特点。建议逐句标注虚词并分类整理,结合语境反复体会其妙处!

根据我们的要求,DeepSeek 列出了《卖油翁》中的各个虚词,并指明了作用和位置。如果我们需要深入学习某个虚词,可以让

DeepSeek 总结对应的用法。例如，想要总结"之"字的用法，提问如下：

> 问：在文言文中，"之"字作为虚词有几种用法？

另外，对于让人头疼的通假字，我们也可以用同样的方法来解决。例如，可以让 DeepSeek 找寻文章中出现的通假字，然后讨论这个通假字的普遍情况。

7.2.2 古今异义雷达：破解时空密码

初中生希希咬着笔杆预习《桃花源记》，读到"芳草鲜美"时嘀咕："渔夫不打鱼，倒关心起牛羊的饲料？"翻到"率妻子邑人"处，她更加困惑："这祖宗心真大，自己还没孩子呢，就带着妻子和同乡跑到绝境。"次日课堂上，老师敲着黑板强调："'鲜美'指花草茂盛，'妻子'是妻与子女！"希希红着脸在心中哀叹："怎么到处都是坑啊！"

除了"之乎者也"，文言文中的其他词语也不好理解。随着时代的发展，很多字词的含义发生了很大改变，甚至是截然相反。例如，在《岳阳楼记》中，"去国怀乡"的"去"表示"离开"的意思，而不是现在的"前往"的意思。

如果忽视这个问题，我们可能会向相反的方向理解原文的意思而不自知。要想避免掉入这些陷阱，可以求助 DeepSeek。每读完一篇文言文，就可以让 DeepSeek 查一下文中是否存在古今异义的词。例如，针对《桃花源记》进行提问，提问方式如下：

> 问：在《桃花源记》中，有哪些古今异义的词？
> 答：《桃花源记》作为一篇经典文言文，包含许多古今异义词。以下是主要词汇的整理与分析，结合原文语境和现代汉语的差异进行说明：
>
> 1. 鲜美（芳草鲜美）
>   - 古义：鲜艳美丽（"鲜"指色彩明丽，"美"指形态美好）。
>   - 今义：食物味道好。
>   - 例句：*"忽逢桃花林……芳草鲜美，落英缤纷。"*
>   - 解析：此处形容桃花林景色明丽，与食物无关。
> 2. 交通（阡陌交通）
>   - 古义：道路交错相通（"交"指交叉，"通"指贯通）。
>   - 今义：运输、邮电等行业的统称。
>   - 例句：*"阡陌交通，鸡犬相闻。"*
>   - 解析：描绘田间小路纵横交错的景象。
>
> ……
>
> 12. 津（后遂无问津者）
>   - 古义：渡口（"问津"指探访、探求）。
>   - 今义：地名用字（如天津），或指唾液。
>   - 例句：*"南阳刘子骥……后遂无问津者。"*
>   - 解析：比喻再无人探寻桃花源。
>
> 总结：古今异义的原因
> 1. 词义扩大：如"交通"从具体道路扩展至运输行业。
> 2. 词义缩小：如"妻子"从家属缩小为配偶。

3. 词义转移：如"鲜美"从视觉转向味觉。
4. 语法变化：如"无论"从短语变为连词。

学习时需结合语境理解，避免望文生义。这些词汇常见于文言文考点，建议通过对比记忆掌握其演变规律。

DeepSeek 找到了 12 处古今异义词，并给出了每处词的古义、今义、出现位置（例句）、解析。最后，它还做了总结，讨论了形成古今异义的四种原因。

在阅读文言文时，我们还会遇到另外一种古今差异的情况，即古代特有的一些文化常识。例如，古人使用"垂髫"表示 4 岁到 9 岁的儿童。古人遇到事情，都是需要向上级官府报告，所以就有了《桃花源记》中"诣太守"。这些文化常识对理解文言文相当重要，且很容易被忽略。所以，我们同样需要让 DeepSeek 找出这类内容。提问方式如下：

问：在《桃花源记》中，有哪些古代文化常识？
答：《桃花源记》是东晋陶渊明的经典作品，文中蕴含丰富的古代文化常识，涉及历史、社会、民俗等多个方面。以下从不同角度梳理相关知识点，并结合原文进行解析：

一、历史背景相关
1. "避秦时乱"
- 文中提及桃花源人"自云先世避秦时乱"，此处的"秦"指秦朝（公元前221—前207年）。秦代苛政（如严刑峻法、赋税繁重）迫使百姓逃亡避世，暗示桃花源的形成与战乱、暴政直接相关。
- 文化意义：陶渊明借"避秦"暗讽东晋末年的社会动荡，表达对和平的向往。

2. "乃不知有汉，无论魏晋"
- 汉朝（公元前202—公元220年）与魏晋（220—420年）是中国历史上的重要朝代。桃花源人因与世隔绝，对汉朝及其灭亡后的朝代更替一无所知。
- 文化意义：通过时间断层凸显桃花源的超然性，暗含对现实政权更迭的疏离感。

二、社会结构与制度
……

三、生活习俗与信仰
……

四、地理与空间概念
……

五、文学意象与哲学思想
……

六、古代天文与历法
……

学习建议：结合陶渊明的生平（如"不为五斗米折腰"）和东晋门阀政治背景，深入理解文中文化符号的隐喻意义。

DeepSeek列举了《桃花源记》中6种文化常识，涉及历史、社会结构、生活习俗、地理等。这些内容可以让我们更深入理解原文内容和作者陶渊明的写作意图。

所以，阅读完文言文，可以让 DeepSeek 充当雷达，发现其中的古今异义词和文化背景。这样，我们就不会掉入对应的陷阱了。

7.3 作文升格训练营：三步写出满分作文

作文不仅是平时作业的大块头，还占据了试卷的一大块分值。但在写作文时，我们却遇到各种问题，如跑题偏题、言之无物、逻辑混乱、结构松散。靠自己的力量，很难解决这些问题，现在有了 DeepSeek，一切都变得简单。

7.3.1 题目解剖室：精准把握写作要求

周五的语文课上，林老师布置了半命题作文《不该忽略的XX》。希希立刻想到昨天的数学考试，因为没把厘米换算成米，被王老师狠狠扣了分。她毫不犹豫地写下《不该忽略的单位》，详细论述了单位在生活和学习中的重要性，还举了妈妈做蛋糕时搞错用料单位的例子。

交作文时，希希信心满满，甚至想象着老师会在全班人面前朗读她的作文。可当作文本发下来时，一个刺眼的"差"字让她愣住了。林老师批注道："审题错误！题目要求写人们忽略的美好事物，而非具体知识点。"

作文审题是写作的关键第一步，直接决定了文章是否切题、立意是否精准。对于如此重要的步骤，我们却屡屡出现各种错误。例如，误读题目，把"挑战"写成了"困难"；主客颠倒，把"我读懂了母爱"写成了"伟大的母爱"；文体混淆，把记叙文《难忘的旅行》写成了议论文……

要想解决这些问题，需要对作文题目进行"抠字眼"，找出其中的关键字，精准把握写作要求。这时，DeepSeek可以帮助我们搭建一个题目解剖室，分析题目中的每个字和词。操作方法如下：首先，独立审题，圈画出题目中的关键字，并思考其中的含义。然后，向DeepSeek提问，提问形式如下：

问：作文题目：《书包夹层里的陌生纸条》
要求：围绕一张意外发现的纸条展开故事，描写纸条背后的秘密或情感，题目自拟，不少于500字。
这是一道初中作文题目。题目有哪些关键字？
答：这道初中作文题目《书包夹层里的陌生纸条》的关键字可以分解为以下几个核心要素：

1. 核心物件
- "纸条"：故事的核心线索和载体，必须围绕纸条内容展开。
- "书包夹层"：暗示纸条的隐蔽性（非刻意放置）和偶然发现的特点。

2. 情节关键
- "陌生"：强调纸条来源的未知性，需要解释其出现原因（如他人误放、刻意隐藏、时空错位等）。
- "意外发现"（题目要求）：推动故事发展的触发点，需描写发现时的细节（如整理书包时飘落）。

3. 主题方向（题目要求）
- "秘密"：可指向悬疑（如他人留下的求救信号）、误会（如被误放的考试答案）或温情（如家人悄悄塞的鼓励便条）。
- "情感"：需通过纸条内容引发情感冲突（如友谊裂痕的道歉信、已逝亲人的笔迹）。

4. 隐性要求
- "描写"：需注重场景刻画（如发现时的光线、触感）和心理活动（疑惑、震惊或怀念）。
- "题目自拟"：提示学生需根据纸条内容提炼个性化标题（如《十年后的我写给自己的信》《藏在公式里的告白》）。

示例延伸：若写"纸条是转学前同学塞的告别信"，关键字可组合为"偶然性（夹层）+情感（遗憾与治愈）"；若写"纸条是未来自己的警告"，则突出"秘密（超现实）+悬疑感"。

DeepSeek 列出了题目中的关键字，并说明其中的作用。我们将其与自己的理解进行对比，找出分析题目的漏洞，从而提升审题能力。

对于写作文体，同样可以求助 DeepSeek，学习它是如何确定文体的。提问方式如下：

问：对于该题目，我们应该写成哪种体裁，判断依据是什么？
答：根据题目《书包夹层里的陌生纸条》及要求，最适合写成记叙文，判断依据如下：

1. 题目本身的体裁指向

- 核心动词"展开故事":明确要求通过事件发展推进情节(记叙文的核心特征)。
- 细节描写要求:如"描写纸条背后的秘密或情感",需通过动作、对话、心理等描写实现(记叙文的表现手法)。
- 时间线索:从"发现纸条"到"揭开秘密/情感"的过程,显然符合记叙文的叙事性。

2. 初中作文的命题倾向
……
3. 其他文体的不适用性
……
4. 可融合的辅助手法
……

判断总结

依据	对应文体
"展开故事"的要求	记叙文
生活化、情感类主题	记叙文
初中常见命题方向	记叙文
缺乏议论文/说明文要素	排除其他

> **注意:**
> 若学生尝试书信体(如以纸条主人身份写一封信),需确保格式正确且内容紧扣"发现过程",但仍属于记叙文的变体。

DeepSeek 给出文体建议,并从三个角度论述其原因。从中,我们不仅学习了如何正反分析题目,还了解了初中作文考查倾向。

7.3.2 素材唤醒仪:激活记忆宝库

希希咬着笔头,盯着空白的作文本发呆。"春游写什么啊……"她苦恼地嘟囔。明明自己玩得很开心,可回忆像被雾气笼罩,怎么都抓不住重点。妈妈路过,瞥见她皱成一团的小脸,忽然笑了:"去年那只贪吃的山羊,你还记得吗?""啊!"希希眼睛一亮。小羊湿漉漉的鼻子蹭过手心,自己咯咯笑着躲闪,草屑沾满了衣角……记忆瞬间鲜活起来。笔尖唰唰划过纸页,最后她意犹未尽地停下。

每次写作文,我们就头疼——没东西可写。每天的生活都是千篇一律,过着两点一线的生活,从学校到家,然后从家到学校。这导致我们写作文的大部分时间都在纠结写什么。一旦有了素材,则往往能在二十分钟内写完。

实际上,我们每天都会听到、看到或者经历各种事情。这些事情都可以作为写作素材。但是,这些记忆有时被掩埋起来,无法被激活。这个时候,我们就需要被人点醒。这个人可能是父母,也可能是老师、同学。现在,又多了一个"人"——DeepSeek。

当找不到素材时,就问一下 DeepSeek,让它提供一些记忆线索。通过这些线索,我们就能唤醒相关的记忆。例如,针对作文《书包夹层里的陌生纸条》向 DeepSeek 提问,提问方式如下:

> 问:针对《书包夹层里的陌生纸条》,你提供一些可用的素材线索,帮助我唤醒相关的记忆。
>
> 答:好的!写《书包夹层里的陌生纸条》这类作文,关键在于纸条的来源、内容和背后的故事。以下是一些可用的素材线索,帮助你唤醒记忆或激发灵感:
>
> 1. 纸条的来源(谁写的?)
>   同学/朋友:
>   - 可能是好友偷偷塞的道歉信(之前闹矛盾,不好意思当面说)。
>   - 毕业/转学前的告别留言(当时没发现,后来整理书包才看到)。
>   - 恶作剧纸条(比如"小心,你的笔袋里有蜘蛛",后来发现是玩笑)。
>
>   家人:
>   - 父母/爷爷/奶奶趁你不注意塞的鼓励便条(比如考试前的"加油,别紧张")。
>   - 已故亲人的旧字迹(比如整理旧书包时发现爷爷以前写的提醒)。
>
>   陌生人:
>   - 误放的纸条(比如图书馆借的书里夹着别人的笔记,或

前主人留下的信息）。
- 神秘信息（比如"救救我"，后来发现是别人的恶作剧或真实事件）。

超现实设定（适合想象力丰富的同学）：
- 未来的自己写的警告或鼓励。
- 平行时空的另一个"你"留下的线索。

2. 纸条的内容（写的是什么？）

情感类：

……

3. 发现纸条后的反应（故事如何发展？）

……

4. 可用的细节描写（增强画面感）

……

5. 可参考的真实事件（结合自身经历）
- 同学之间的小纸条：有没有收过朋友的秘密留言？
- 家人写的便签：父母是否曾在你书包里塞过鼓励的话？
- 捡到陌生人的纸条：比如在图书馆的书里发现别人的笔记。

---

6. 题目灵感（自拟标题参考）
- 温情风格：《藏在夹层里的爱》《迟来的道歉》
- 悬疑风格：《谁在我书包里塞了这张纸条？》《神秘的求救信号》
- 创意风格：《来自未来的自己》《十年后的留言》

……

希望这些素材能帮到你！如果有具体想法，可以进一步讨论如何展开情节。

DeepSeek 从纸条的来源、内容和背后的故事三种角度提出几十种可能情况。根据这些提示，我们回想自己的过往经历，寻找类似的记忆，整理出素材。如果我们觉得某个方面的提示不够多，还可以继续追问，提问方式如下：

> 问：在纸条内容方面，情感类的内容还可能是哪些情况？

经过不断追问找到最贴近自己经历的情况，从而进入下一步。

7.3.3 结构工程师：搭建作文骨架

看到作文题目《一场有趣的旅行》，希希兴奋极了——上周的大峡谷漂流太好玩了！她立刻动笔，详细描写出发前的期待、路上的风景，甚至买票时的细节……写到 400 字刚写到进入景区。可作文要求 500 字！她慌了，赶紧潦草地写了两句"我们还玩了激流勇进和玻璃栈道"，就匆匆结尾。

作文骨架是隐藏在文章内部的逻辑框架，它就像建造房屋的图纸，需要在盖房子之前就画好。在盖房子时，便按照图纸来进行施工。例如，地基挖多深？墙要砌多高？屋顶做什么造型？窗户开在哪里……这些问题的答案都在图纸中。只有这样，最终盖起来的房子才能达到我们最初的规划。

但是，大家经常忽略搭建这个环节。因为有的同学认为，灵感是最重要的。好作文靠的是"灵光一闪"，列提纲只会限制思维。有的同学则焦虑时间不够用，总怕写不完。这就导致了作文写完后我们需要大量的时间进行各种修改，但修改完的往往还是低分作文。

实际上，中小学阶段写的都是命题作文，灵感只占 20%，结构占 50%。花上几分钟搭建作文骨架，就能节省后面十几分钟的写作和修改时间。现在有了 DeepSeek，我们不仅能又快又好地搭建出骨架，还能快速培养架构能力。下面，以《书包夹层里的陌生纸条》为例和 DeepSeek 讨论骨架搭建方式。提问方式如下：

> 问：对于作文《书包夹层里的陌生纸条》，作文骨架有哪几种形式？
>
> 答：对于《书包夹层里的陌生纸条》这一题目，作文骨架（结构形式）可以根据叙事方式、悬念设置、情感走向等分为以下几种典型形式，每种都适合初中生写作：
>
> 1. 线性叙事式（最基础稳妥）
> 结构：发现纸条 → 探究来源 → 揭开真相 → 情感升华
> 适合：温情、友情、亲情类主题
> 示例：

(1)开端:整理书包时,一张泛黄的纸条从夹层滑落。
(2)发展:纸条上是陌生字迹:"放学后操场第三棵树见。——小 Z"。
(3)高潮:回忆曾与小 Z 的误会,冒雨赴约发现是转学前她的道歉信。
(4)结尾:紧握纸条,望向空荡的操场,遗憾与温暖交织。
优点:逻辑清晰,易写出完整故事。

2. 倒叙悬念式(增强吸引力)
……
选择骨架的 3 个关键依据
(1)纸条内容性质:
- 温情故事 → 线性叙事/双线交织
- 悬疑秘密 → 倒叙悬念/多重视角

(2)情感表达需求:
- 强烈冲击(如亲情)→ 双线交织
- 细腻成长(如自我和解)→ 循环呼应

(3)个人写作能力:
- 新手建议线性叙事,进阶可尝试倒叙或双线。

结构对比表

结构类型	难度	适用主题	关键技巧
线性叙事	★☆☆	友情、亲情	按时间顺序描写细节
倒叙悬念	★★☆	悬疑、误会	开篇设疑,逐步解谜
双线交织	★★★	成长、怀旧	现实与回忆自然切换
循环呼应	★★☆	自我成长	首尾同一场景情感对比
多重视角	★★★☆	复杂事件	视角转换逻辑清晰

| 超现实 | ★★★☆ | 科幻、奇幻 | 想象合理，结尾留白 |

练习建议：
- 先确定纸条内容（如"妈妈的道歉信"），再选择匹配的骨架（如双线交织）。
- 用"5W1H"填充细节：
  Who（谁写的）+ What（内容）+ Why（动机）+ How（如何发现并影响你）。

试试用这些骨架搭配之前的素材，就能写出层次丰富的作文！

DeepSeek 首先列出了 6 种骨架形式，然后给出了 3 个选择依据，最后对 6 种形式进行了简单对比。根据自己的素材，我们选择其中一种，再同 DeepSeek 讨论其可行性，提问方式如下：

问：我准备写爸爸在我书包留下的纸条，打算采用线性叙事方式。你觉得如何呢？

答：你的选题和结构非常合适！"爸爸的纸条 + 线性叙事"既能保证故事的流畅性，又容易写出真挚情感。以下是具体建议，帮你把这篇作文写得更加打动人：

一、线性叙事结构优化模板

1. 开篇：发现纸条（制造悬念）

建议写法：
- 场景细节：不要直接写"我发现一张纸条"，而是描绘一个具体动作，比如：

◦ "拉链卡住了书包夹层，我用力一扯——一张对折的作业纸飘了出来，边缘参差不齐，像是匆忙撕下的。"
- 心理描写：
　　◦ "爸爸的字？不可能……他昨天刚和我大吵一架，说再不管我了。"

2. 发展：纸条内容（情感转折点）
……

3. 高潮：追踪真相（行动＋情感爆发）
……

4. 结尾：情感升华（余韵悠长）
避免直白抒情，可用：
……

二、爸爸纸条的 5 种情感设计（任选一种）
……

三、必须避开的 3 个雷区
……

四、加分技巧
……

你的选题本身已经成功了一半！按照这个框架写，一定能写出既有生活气息又有情感深度的作文。如果需要调整细节或优化某一段落，可以随时告诉我！

　　DeepSeek 不仅认可我们的决定，还对细节给出了更多建议。我们根据自己要写的故事选择对应的建议，完善作文的框架。如果需要更多的建议，可提供故事的细节继续向 DeepSeek 进行追问。这样，我们的作文骨架就越来越完整和详细了。

7.3.4 优化大师：从草稿到佳作

希希盯着作文本，指尖划过密密麻麻的字迹。她咬着笔帽，把"的、得、地"全改对了，又调整了几个拗口的句子。可老师红笔批注的"主题分散""论证薄弱"像一团迷雾，她翻遍优秀范文也摸不着门道。希希喃喃道："到底哪里不对呢……"

每次写完作文草稿后，我们都要进行各种优化。首先，要进行基础检查，消灭错别字，确保标点符号使用符合规范。然后进行内容优化，检查文章是否扣题、事例是否支持观点，补充细节，增加感染力。最后还要调整段落布局，让开头和结尾简洁有力……

我们要完成的工作非常多，但能做到的却非常少，因为我们很难发现自己的错误，如逻辑错误或语言问题。同时，也缺乏必要的修改技巧，即使老师在我们的作文中做了一些批注，我们依然是云里雾里。

现在有了 DeepSeek，这些事情就变得很简单了。它不仅能帮我们发现作文当中的一些基本错误，还能应要求做出修改。只要我们把作文草稿拍照提交给 DeepSeek，就能开始进行优化了。提问方式如下：

> 问：这是我写的作文《书包夹层里的陌生纸条》。正文如下：
> XXXX
> 你帮我检查下，看哪里需要优化。
> 答：你的作文已经非常打动人心，父爱的细节描写真挚动人。以下是具体的优化建议，帮助文章在语言表达和情感层次上更上一层楼：

一、语言细节优化

1. 修正错别字和语病：
   - "潦朝地写着"→"潦草地写着"
   - "字迹变的清晰可辨"→"字迹变得清晰可辨"
2. 增强动词的表现力：
   - "捏着这张纸片"→"这张纸片在我指间微微发颤"（突出情感波动）
   - "翻动报纸"→"抖了抖报纸"（更符合中年父亲看报的习惯动作）

二、结构优化建议

1. 开篇增加悬念：
   原文：
   - 整理书包时，一张泛黄的便利贴从夹层里飘落。

   优化：
   - 书包夹层的拉链总是卡住，这次用力一拽——一张泛黄的便利贴打着旋儿飘落，像一片被遗忘的秋叶。

   ……

三、情感描写深化

   ……

四、关键段落优化示范

   ……

五、修改后全文亮点

   ……

六、可选择性采用的进阶技巧

   ……

你的原文已经具备优秀作文的所有要素，这些优化建议只是

> 锦上添花。如果坚持原稿风格也完全没问题，重点保持：
> 1. 父爱"无言却温暖"是核心。
> 2. 细节真实可信。
> 3. 情感流露自然。
>
> 需要调整任何部分都可以告诉我，比如想强化某个场景，或者改变抒情方式。

DeepSeek 从 6 个方面提出了修改建议。在"语言细节优化"方面，它指出我们写错的两个字，还提出了两处动作描写优化。在"结构优化建议"方面，它提示我们修改开篇，以增加悬念。在"情感描写深化"方面，它建议增加对父亲的描写等。

对照草稿仔细阅读每个建议，对比修改前后的变化。这样，我们就能掌握对应的技巧。如果我们有不成熟的想法，也可以让 DeepSeek 来完善。例如，我们希望在作文中加上一句古诗进行点题，提问方式如下：

> 问：在作文中，能否加一句古诗词点题？如果可以，该如何调整？

在 DeepSeek 这个优化大师协助下，我们的草稿马上实现蜕变，成为一篇优秀作文。

第 8 章
数学攻坚：
从畏难到精通的通关秘籍

数学是一门难度较高的科目，它不仅考查基础计算能力，还考查逻辑思维和抽象能力。在基础计算方面，我们需要在较短的时间内计算出正确的结果。在逻辑思维和抽象能力方面，我们需要针对应用题建模，还要能利用函数与图像之间的关系求解更多的复杂应用题。DeepSeek 可以有效地训练这两方面的能力。

8.1 计算失误终结者：精准度与速度兼得

基础计算能力是数学学习的根基，直接影响解题能力、思维发展和考试成绩。我们不仅要计算准确，还要计算迅速。如何高效提升基础计算能力就显得尤为重要。DeepSeek 能帮助我们避开低效的题海战术，提高计算的精准度和速度。

8.1.1 错因透视镜：揭开"马虎"背后的真相

自习课上，希希刷刷地在草稿纸上计算着。看到 -3^2 时，她顺手写下 9——负数的平方为正数嘛!同桌探头一瞥,用橡皮敲了敲她的本子:"符号又吃了,这里应该是 –9。"希希愣了一下,突然一拍脑门:"对哦!太粗心了。"她快速地划掉答案,继续后面的作答。

在计算时,我们经常会出现各种小错误。例如,漏看负号,把 $-3x$ 写成 $3x$;去括号时未变号,把 $2-(x-1)$ 写成 $2-x-1$;加减乘除出现低级错误,6×7 得出 41……出现这类错误,我们根本没感觉。但是,别人一指出,就会恍然大悟,原来是"自己马虎"了。

这些错误真的是自己马虎了吗?实际上并不是,因为很多错误是经常犯了再犯。真正的错误原因是我们忽略了某些知识点,尤其是计算量比较大的时候。要找出真正的原因,可以借助 DeepSeek 的分析能力。例如,我们要帮助希希解决上面这一问题,可以向 DeepSeek 这样提问:

问：把 –3^2 当作 (–3)^2 进行计算，这种错误是什么原因导致的？

说明：

由于无法在提问框中直接输入次方，所以使用^和数字的组合表示次方。例如，3^4表示三的四次方，即3^4。

答：学生在计算 -3^2 时误认为是 $(-3)^2$（结果为 9）而非正确结果 –9，这种错误通常源于以下原因：

1. 对符号优先级的误解
- 指数运算优先级高于负号：数学规则中，指数运算（如平方）的优先级高于负号（视为单目运算符）。因此，-3^2 应理解为对 3 先平方再取负，即 $-(3^2) = -9$，而非 $(-3)^2 = 9$。
- 混淆"负号"与"底数符号"：学生可能将负号误认为是底数的一部分（类似 –3 的完整数），而非独立的运算符号。

2. 书写习惯的误导
……
3. 直观思维的干扰
……
4. 练习与教学中的不足
……

如何避免此类错误？
1. 明确规则优先级：
- 强调"无括号时，指数优先于负号"，并通过例子（如 -2^3

= –8 vs.(-2)³ = –8）对比加深理解。
2. 规范书写习惯：
   - 要求学生在需要负号参与运算时显式使用括号，如将 -3^2 写为 $-(3^2)$，避免歧义。
3. 专项纠错训练：
   - 设计对比题组（如计算 -5^2、$(-5)^2$、$-(-5)^2$，强化符号优先级意识。
4. 利用数轴或实际意义解释：
   - 例如：-3^2 表示"3 的平方的相反数"，而 $(-3)^2$ 是"–3 的平方"，结合数轴正负方向辅助理解。

通过厘清符号优先级、强化书写规范，并结合针对性练习，学生可以逐步克服这一粗心错误，提升运算严谨性。

DeepSeek 给出了 4 种错误原因。其中，最常见的原因就是第一种，忽视了符号的优先级。我们往往记得"先乘除，后加减"，却忘记了其他符号的优先级问题。这就导致我们经常会出现各种小错误。

所以，一旦"马虎了""粗心了"或者"大意了"，可以马上问一下 DeepSeek，确认我们到底错在哪里了。

8.1.2 神算工具箱：AI 私教传授独门技巧

数学考试时，希希手上的笔飞快地移动着，草稿纸上密密麻麻写满计算过程，可卷子才做了一半。交卷铃响，她急得快哭了。课后，她发现同桌小林只用了两张草稿纸，还提前十分钟交卷。"你怎么算得这么快,用的草稿纸这么少?"希希忍不住问。小林笑了:"很多计算很简单,直接口算就行。比如 36×25,直接想成 $9 \times 4 \times 25 = 900$;你根本不用笔算。"希希恍然大悟——原来自己输在了"硬算"上。

不同于平时的做作业,考试时长只有八九十分钟,却需要完成二十多道题目。平均下来,每个题目耗时在 3~4 分钟之间。为了给后面的大题留出足够的时间,前面的题目需要在 1~2 分钟内完成。这就要求每个题目的解法要足够简单,以减少计算量。

日常作业主要用来训练我们对特定知识点的掌握,并不考虑计算时长。这就导致我们熟悉的方法并不总是最快速的。所以,每做完一个题目都要思考一下这个题目有没有更为快速的求解方式。DeepSeek 刚好能帮助我们解决这个问题。

例如,要分解因式 $(x^2+2x+4)(x^2+2x+6)-8$ 时,询问 DeepSeek 是否有更快捷的计算方式,提问如下:

问:分解因式 (x^2+2x+4)(x^2+2x+6)-8,最简洁的计算方式是什么?

答:最简洁的计算方式:

观察原式 $(x^2+2x+4)(x^2+2x+6)-8$,可以设 $t=x^2+2x$,从而简化计算:

$$原式 = (t+4)(t+6)-8$$
$$= t^2+10t+24-8$$
$$= t^2+10t+16$$
$$= (t+8)(t+2)$$
$$= (x^2+2x+8)(x^2+2x+2)$$

关键步骤：
1. 变量替换：设 $t=x^2+2x$，简化表达式。
2. 展开并合并：展开 $(t+4)(t+6)$ 并减去 8。
3. 因式分解：对 $t^2+10t+16$ 进行因式分解。
4. 回代：将 $t=x^2+2x$ 代回，得到最终结果。

验证：
展开 $(x^2+2x+8)(x^2+2x+2)$ 会得到原式，确保分解正确。

最终答案：
$$(x^2+2x+8)(x^2+2x+2)$$

DeepSeek 不仅能对这些复杂的计算给出快速计算的建议，对看似简单的算术运算同样能给出简化方式。例如，要计算 37+98，询问 DeepSeek 是否有简单的计算方式。提问如下：

问：计算 37+98 有没有最简单的方式？

答：计算 37 + 98 的最简单方法

方法 1：补数凑整法（最快）

思路：将 98 补成 100，计算后再减去补的部分。

步骤：

1. 98 离 100 差 2，所以从 37 借 2：

$$37 + 98 = (37 - 2) + (98 + 2) = 35 + 100 = 135$$

2. 或者直接：

$$37 + 100 = 137（多加了 2）$$
$$137 - 2 = 135$$

优点：心算最快，适合任意接近整十/整百的数。

适用场景：如 98、97、995 等接近整数的加法。

> 方法 2：分步拆解（传统竖式）
> ……
> 方法 3：利用交换律（调整顺序）
> ……
> 总结
> - 最快方法：补数凑整法（37 + 98 = 37 + 100 − 2 = 135）。
> - 通用方法：分步拆解（十位 + 个位）。

DeepSeek 给出了三种快速计算方法，并且分析了每种方法的优缺点。例如，利用方法 1，我们不用动笔，就能准确计算出结果。

所以，在完成日常作业之后，我们可以把所有的题目都提交给 DeepSeek，让它寻找每个题目和每个步骤的快速计算方式，然后从中选择最快的方式进行练习。这样，考试时我们就能以最快的方式答完试卷。

8.1.3 精准特训营：从知道到做到

希希的求立方根作业错了两个题，老师要求每个错题加练 10 道同类题巩固。她翻遍课本、练习册和教辅书，却发现要么题目类型混杂，要么只是表面相似，核心考点却不同。"怎么连相似的题都找不到？"希希咬着笔头，只能找了几个类似题目凑数。

基础运算是求解应用题的基础。只有熟练掌握基础运算，才能有足够的精力来应对复杂多变的应用题。这就要求我们不仅要知道运算方式，还要做到自动化。例如，计算 7 × 8，不需要背乘法口诀，便能脱口而出 56；计算 $\frac{3}{4}+\frac{1}{2}$，不需要默念通分步骤，便能直接写出结果 $\frac{5}{4}$。

要想实现自动化运算，就需要大量练习。在传统学习中，大量练习意味着题海战术。但是，这种方式的效果并不好。首先，大部分题目都混杂了几个知识点，并不针对我们学习的特定知识点。其次，每个题目都包含多个步骤，而只有一两个步骤是我们需要练习的。

例如，计算题 $-27\times\left(\frac{1}{3}-\frac{1}{9}\right)+|-4|+(-2)$ 考查了分数运算、绝对值应用、有理数的加减法、运算顺序、符号的处理五个知识点，包含了十几个计算步骤。这样的题目既不适合练习分数运算，也不适合绝对值应用。

所以，题海战术并不适合我们，我们需要更为精准的针对性练习。这个时候就需要 DeepSeek 的协助。例如，要练习求立方根运算，可以要求 DeepSeek 拟定专项练习题目，提问方式如下：

> 问：我正在学习七年级数学的立方根知识。你帮我出 10 道相关的题目。
>
> 答：以下是 10 道针对七年级立方根知识的练习题，涵盖基础计算、方程求解和应用题，帮助学生巩固概念：
>
> 10 道立方根练习题
>
> 1. 直接计算
>
>   求下列各数的立方根：
>
>   （1）$\sqrt[3]{8}$
>
>   （2）$\sqrt[3]{-27}$
>
>   （3）$\sqrt[3]{\dfrac{1}{8}}$
>
> 2. 小数的立方根
>
>   计算：$\sqrt[3]{0.125}$
>
> 3. 解方程
>
>   若 $x^3 = 64$，求 x。
>
> 4. 混合运算
>
>   计算：$\sqrt[3]{27} + \sqrt{9} + \sqrt[3]{1}$
>
> 5. 应用题（几何）
>
>   一个立方体的体积为 125cm³，求它的棱长。
>
> 6. 负数的立方根应用
>
>   若 $y^3 = -216$，求 y。
>
> 7. 综合运算

计算：$\sqrt[3]{-8} \times \sqrt{16} + \sqrt[3]{1}$

8. 方程求解

解方程：$3x^3 - 5 = 22$

9. 实际情境问题

小明说："一个数的立方根是它本身的只有 1 和 –1。"这句话对吗？请举例说明。

10. 挑战题

已知 $\sqrt[3]{a} = 2$，且 $b = a + 5$，求 $\sqrt[3]{b}$。

参考答案

……

练习建议：

- 先独立完成所有题目，再对照答案检查；
- 错题需分析原因（如符号错误、公式混淆）；
- 第9、10题可拓展思考立方根的性质。

DeepSeek 给出了与立方根相关的 10 道题，并且每道题的类型都不同。我们做完之后，还可以和它提供的答案进行对照。如果想要更为针对性地练习，还可以限制出题的类型。例如，只想练习立方根的直接运算，提问如下：

问：我现在要练习立方根直接运算，你帮我出 10 道题目。

答：以下是 10 道针对立方根直接运算的练习题，涵盖整数、分数、小数及负数，帮助你巩固基础：

10 道立方根直接运算题

1. $\sqrt[3]{8}$

2. $\sqrt[3]{-64}$
3. $\sqrt[3]{1}$
4. $\sqrt[3]{125}$
5. $\sqrt[3]{-1}$
6. $\sqrt[3]{\dfrac{27}{8}}$
7. $\sqrt[3]{0.027}$
8. $\sqrt[3]{-0.343}$
9. $\sqrt[3]{1000}$
10. $\sqrt[3]{-\dfrac{1}{8}}$

参考答案
……

这样，我们就能够针对单一知识点的特定运算进行专项强化，从而避免题海战术的低效练习。

8.2　应用题建模训练器：现实问题数学化

在数学中，应用题扮演着极其重要的角色，它不仅是连接数学知识与现实世界的桥梁，更是培养综合数学能力的核心载体。在求解应用题时，不仅需要将文字表述转换为数学语言，还需要掌握相关的学科知识。借助 DeepSeek，我们可以快速训练自己的数学建模能力。

8.2.1 三步拆解工具箱

希希盯着题目,在草稿纸上胡乱涂着"小明""妹妹""2倍"。她咬着笔头,脑袋发胀:"妹妹的年龄是小明的一半?还是小明是妹妹的两倍?"题目像绕口令般在眼前打转。明明只要找妹妹的年龄,却非要"设两个未知数",可数学方程和年龄有什么关系?她烦躁地划掉"设小明为 x 岁",又改成"妹妹为 y 岁",却写不出第二个方程。数字和文字仿佛是迷宫的出口和入口,中间的路曲曲折折,总是找不到正确的路。最终,她丢下笔叹气:"为什么非得用方程?明明直接算就能解决啊……"

要想求解数学应用题,首先需要将汉语描述的问题转换为数学语言,然后再进行数学求解和验证。从汉语到数学语言的转换被称为建模,这也是最难的地方。我们总是很难理解题意,抓不住关键条件，如"提前""剩余""多几倍"等。

同时，我们经常忽略一些隐藏的条件。例如，"多3倍"实际表示4倍关系。另外，现在的题干越来越长，经常是两三百字，都快赶上语文的阅读理解了。其中，题干包含了大量的无关数据，很容易在解题过程中用错条件。

这些问题导致我们在应用题上花费大量时间。每道题少则需要七八分钟，多则需要十几分钟。每天投入大量的时间，也只能完成少量的练习，导致求解应用题的能力提升缓慢。现在有了DeepSeek，可以让它手把手训练我们，一步步提升应用题解题能力。训练方式如下：

（1）提交要做的题目，并要求DeepSeek一步步带着我们做题。提问方式如下：

> 问：小明的年龄是妹妹的2倍，两人年龄之和为18岁，求妹妹的年龄。
>
> 这是一道应用题，要求使用二元一次方程组求解。我是一名初中生。我需要你手把手教我，分析和求解这个题目。你每做一步，就说明为什么要这样做，然后停下来，不要输出下一步，等我做完。

> 注意：
>
> 　　为了实现一步步提示操作，建议开启"深度思考"功能。

（2）DeepSeek 开始分步进行讲解，并等待我们的回答。根据 DeepSeek 的提示，我们进行思考，并提交对应的回答内容。

> 答：好的，现在让我们一步步来解答这个问题。
> 第一步：设定变量
> 　　首先，我们需要用两个变量来表示小明和妹妹的年龄。根据题目要求使用二元一次方程组，我们可以这样设定：
> - 设妹妹的年龄为 x 岁；
> - 设小明的年龄为 y 岁。
>
> 请确认你是否理解为什么要用两个变量，并尝试写出这两个变量。
>
> （等待你的回答）
>
> 问：理解了。设妹妹的年龄为 x，小明的年龄为 y。

（3）重复步骤（2）和（3），直至完成整个题目的解答过程。

> 答：**第二步：建立方程**
>
> 现在，根据题目中的条件列出两个方程：
> ……
> 请检查这两个方程是否合理，并尝试写出完整的方程组。完成后告诉我，我再继续下一步。
>
> （等待你的回答）
>
> 问：没有问题。
> $y=2x$

$x+y=18$

答：**第三步：代入求解**
现在你已经有了方程组：
……
请尝试合并同类项并解出 x 的值，然后告诉我你的结果。
（等待你的回答）

问：$3x=18$
$x=6$

答：**第四步：验证答案**
你已经算出 $x=6$，现在需要验证是否符合题目条件：
……
因此，**妹妹的年龄是 6 岁**。请确认是否理解整个过程，并总结答案。
（等待你的确认）

问：理解了。妹妹的年龄为 6 岁，哥哥的年龄为 12 岁。

（4）解答完成后，DeepSeek 对整个题目进行总结，回答如下：

答：**答案总结**
通过以下步骤可以确定妹妹的年龄：

1. 设定变量
……
2. 建立方程

> ......
> 3. 代入求解
> ......
> 4. 验证结果
> ......
> 如果你有其他类似问题，可以尝试用同样的方法设定变量、列方程并代入求解！

如果我们对其中的内容有疑问，可以继续追问。例如，是否可以将小明的年龄设为 x，将妹妹的年龄设为 y。

所以，在练习时，我们只要做三步——提交题目、提出要求、跟着思考，就能快速提升应用题解题能力。

8.2.2 跨学科建模挑战

希希盯着试卷上密密麻麻的文字，额角渗出细汗。金属丝在题目里反复伸缩，像一条扭动的银蛇缠住她的思路。"温度每升高（或降低）1℃就伸长（或缩短）0.002mm……"她咬着笔帽在草稿纸上来回划着，15℃到60℃的温差是45℃，可之后又降到5℃？

数字在物理变化和数学计算间来回跳跃，公式像纠缠的金属丝越理越乱。教室里的翻页声惊得她一颤——周围的同学都在唰唰书写。她绝望地抠着橡皮碎屑，物理老师讲的系数转换和数学老师教的代数模型在脑子里打架："这该死的跨学科应用题，到底该用哪门课的知识？"

跨学科应用题也称为学科交叉应用题。这类题目将不同学科的知识整合在一起，考查综合运用数学解决实际问题的能力。例如，

DeepSeek高效学习法：和孩子们一起用AI提高成绩

数学与物理结合，解决热胀冷缩问题、运动问题；数学与地理结合，计算海拔和温度关系，换算时区和时间；数学与化学结合，计算溶液浓度、化学反应速率……

这类题目的难度远超过其他类型的应用题。因为它不仅需要突破学科的知识壁垒，还对数学建模能力提出极高的要求。我们只有将实际情境抽象为数学表达式，并提取可能的隐含变量关系，才有可能解决这类题目。一旦遇到解决不了的这类题目，我们就开始发愁，自己的问题出在哪里？该请教数学老师，还是其他科目的老师？

现在有了"全能老师"——DeepSeek，就不用担心这个问题了。它会帮助我们将题目涉及的所有问题一次性解决。例如，向DeepSeek请教下面这个题目如何求解。

> 实验发现，当温度每上升 $1℃$ 时，某种金属丝就会伸长 0.002 mm；反之，当温度每下降 $1℃$ 时，这种金属丝就会缩短 0.002 mm。现把一根长度为 100 mm 的这种金属丝先从 $15℃$ 加热到 $60℃$，再使它降温到 $5℃$。
> （1）在这个过程中，金属丝的长度发生了怎样的变化？
> （2）和原先相比，金属丝的长度伸长（缩短）了多少？

提问方式如下：

> 问：XXXX（题目省略）
> 我是一名初中生。上面这个题目，该如何思考？
> 答：解题思路与步骤：
> 1. 确定温度变化阶段

阶段一：加热从15℃升至60℃，温度上升60-15=45℃。

阶段二：降温从60℃降至5℃，温度下降60-5=55℃。

2. 计算各阶段的长度变化

加热阶段（伸长）：

每升高1℃伸长0.002mm，总伸长量：45℃ × 0.002 mm/℃ =0.09 mm

加热后长度：100 mm+0.09 mm=100.09 mm

降温阶段（缩短）：

每降低1℃缩短0.002mm，总缩短量：55℃ × 0.002 mm/℃ =0.11 mm

降温后最终长度：100.09 mm-0.11 mm=99.98 mm

3. 分析整体变化

总长度变化：

最终长度与初始长度的差值：99.98 mm-100 mm= -0.02 mm

负号表示缩短。

4. 回答问题

（1）长度变化过程：

金属丝先加热伸长0.09mm，后降温缩短0.11mm，总体缩短0.02mm。

（2）净变化量：

与原长度相比，金属丝缩短了0.02mm。

答案：

（1）金属丝先伸长0.09mm，再缩短0.11mm，最终比原来缩短了0.02mm。

（2）和原先相比，金属丝缩短了0.02mm。

DeepSeek 给出了详细的解题过程。我们对其中的关键点进行追问，提问如下：

> 问：这个题目的解题关键在哪里？
> 答：解题关键分析：
>
> 1. 分阶段处理温度变化：
>
>   将问题拆解为加热和降温两个独立阶段，分别计算每个阶段的长度变化。
>   ……
>
> 2. 叠加长度变化：
>
>   ……
>
> 3. 关键注意事项：
>
>   温度变化的绝对值计算（如降温阶段的温度差为 60-5=55℃，而非 5-60）。
>
>   符号与方向统一（升温对应伸长，降温对应缩短，避免正负混淆）。
>
>   单位一致性（温度单位为℃，长度单位为 mm，无需额外转换）。
>
>   答案总结：
>   ……

从 DeepSeek 的回答中，我们找到了这个题目中潜在的各个难点。掌握这部分内容后，我们就彻底搞定了与物理中热胀冷缩相关的数学应用题了。

8.3 函数与图像破译术：数形结合思维

函数与图像是连接代数与几何的核心纽带，可以培养我们的抽象思维、数形结合能力。我们不仅需要将函数与图像对应起来，还需要利用这种数形结合求解更复杂的实际问题。下面讲解如何利用 DeepSeek 训练数形结合思维。

8.3.1 函数图像翻译官

希希盯着作业本上的函数式 $y=5x+2$，努力在脑海中勾勒它的图像。"截距是 2，斜率是 5……"她小声嘀咕着，铅笔在坐标轴上点了又擦。明明公式背得滚瓜烂熟，可一画图，直线却像顽皮的蚯蚓——该穿过原点吗？交点又在哪儿？数字和图形仿佛分裂成两个世界，越努力拼接，越像一团乱麻。最终，希希丢下笔哀叹："这图像，怎么比函数本身还抽象啊！"

函数是抽象的数学关系，而图像能将其转化为可视化的图形。借助图形，可以直观地理解变量是如何变化的。例如，图像的倾斜程度反应变化速度，图像与 y 轴的交点对应初始值。解方程就是求图像与 x 轴的交点。

函数对应的图像本来是帮助我们学习的工具，有时却成为很多同学的梦魇。大家很难将抽象的函数式想象为图像，现在又被各种图形特征名词困扰，如截距、斜率、渐近线、对称性、顶点、对称轴……这时候，我们需要 DeepSeek 把函数"翻译"为图像，或者把图像"翻译"为函数。

例如，我们想了解 $y=5x+2$ 的函数图像，则提问如下：

> 问：对于函数 $y=5x+2$，它的图像是什么样子的？
>
> 答：函数 $y=5x+2$ 的图像是一条直线。以下是详细的分析：
>
> 1. 斜率（Slope）
>
> 方程的一般形式为 $y=mx+b$，其中 m 是斜率，b 是 y-截距。
>
> 对于 $y=5x+2$，斜率 $m=5$。这表示直线每向右移动 1 个单位，就会向上移动 5 个单位。
>
> 2. y-截距（Y-intercept）
>
> y-截距 $b=2$，即直线与 y 轴的交点为 $(0,2)$。
>
> 3. 绘制直线
>
> 第一步：在坐标轴上标出 y-截距点 $(0,2)$。
>
> 第二步：利用斜率 5（即 $\frac{5}{1}$），从 $(0,2)$ 开始，向右移动 1 个单位到达 $x=1$，同时向上移动 5 个单位到达 $y=7$，得到第二个点 $(1,7)$。
>
> 第三步：通过这两个点画一条直线。
>
> 4. 图像特点
>
> 由于斜率为正（5>0），直线从左下方向右上方倾斜。
>
> 直线无限延伸，穿过所有满足 $y=5x+2$ 的点。

5. 示例点
为了更准确地绘制,可以计算更多的点:
……

6. 最终图像
一条穿过点 (0,2) 和 (1,7) 的直线,斜率为 5,y-截距为 2。
……

DeepSeek 给出了函数 $y=5x+2$ 对应图像的详细绘制过程,并且解释了图像的核心特征,如斜率、截距。

同样,我们可以反过来提问,根据图像获得函数的特征。例如,根据图 8.1 提问 DeepSeek。

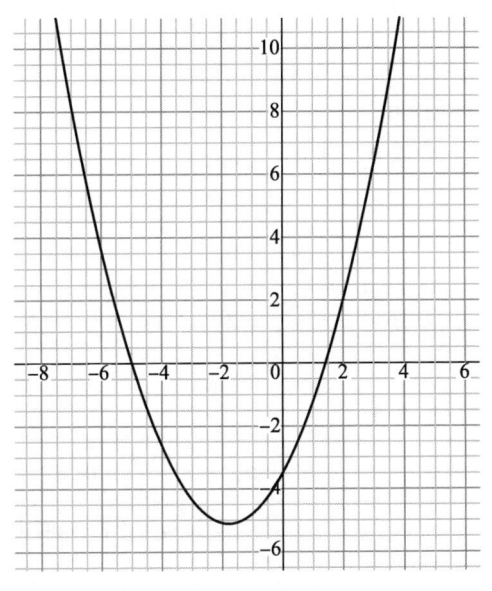

图 8.1 函数图像

问：对于函数 $y=ax^2+bx+c$，如果它的图形开口向上，顶点在第三象限，图形分别与 x 负轴、x 正轴、y 负轴相交。这说明什么？

答：对于二次函数 $y=ax^2+bx+c$（$a \neq 0$），其图像是一条抛物线。根据题目描述，该抛物线具有以下特征：

1. 开口向上 → $a>0$。

2. 顶点在第三象限 → 顶点的坐标 $\left(-\dfrac{b}{2a}, c-\dfrac{b^2}{4a}\right)$ 满足：

$$-\dfrac{b}{2a}<0\ (x\ 坐标在负半轴),$$

$$c-\dfrac{b^2}{4a}<0\ (y\ 坐标在负半轴)。$$

3. 与 x 负轴、x 正轴相交 → 方程 $ax^2+bx+c=0$ 有两个实数根，一个为正（$x_1>0$），一个为负（$x_2<0$）。

4. 与 y 负轴相交 → 当 $x=0$ 时，$y=c<0$。

由此可以推导出以下结论：

1. 判别式 $D>0$

　　由于抛物线与 x 轴有两个交点，判别式必须满足：

$$D=b^2-4ac>0$$

　　即 $b^2>4ac$。

2. 系数 $c<0$

　　因为抛物线与 y 轴的交点在负半轴，所以 $c<0$。

3. 系数 b 的符号

　　顶点在第三象限，且 $a>0$，所以 $-\dfrac{b}{2a}<0 \to b>0$。

　　由于 $c<0$，且 $b^2>4ac$，这自动成立（因为 $a>0$，$c<0$，右边 $4ac$ 为负）。

总结：

$a>0$（开口向上）。

$b>0$（对称轴在 y 轴左侧）。

$c<0$（y 轴截距为负）。

判别式 $b^2-4ac>0$（有两个不同的实数根）。

这样的抛物线在第三象限有最低点（顶点），并穿过 x 轴的负半轴和正半轴，同时与 y 轴的负半轴相交。

示例：

例如，函数 $y=x^2+3x-4$：

开口向上（$a=1>0$）。

顶点在 $\left(-\dfrac{3}{2},-\dfrac{25}{4}\right)$（第三象限）。

与 x 轴的交点为 $x=-4$ 和 $x=1$（一个负，一个正）。

与 y 轴的交点为 $(0,-4)$（负半轴）。

符合题目描述的所有条件。

根据给出的图像条件，DeepSeek 一步步地进行推理，向我们展现图像条件与函数特征之间的关系。

8.3.2 动态应用题解构

掌握了函数与图形的关系，我们就多了一种解决应用题的方法。例如，可以使用时间—路程图（s=vt）或者时间—速度图分析运动状态，求解行程和运动的问题，如两人追逐类应用题。使用成本、售价、利润关系求解经济与利润问题，如比较促销方案，寻找最大利润等。

虽然这个方法非常有效，但用起来并不容易。首先，需要从实际问题抽象出函数关系，然后绘制对应的图形并进行解读，最后结合图形分析问题。在这个过程中,很容易出现重视计算而忽视图形、硬套公式、忽视关键特征等问题。

  这些问题导致我们需要花费大量的时间分析题目,摸索解题思路以及总结经验。现在有了DeepSeek,我们不仅能借助它强大的分析能力,还能轻松掌握跨学科知识。例如,尝试借助DeepSeek研究以下题目,寻找解题规律。

> 某商店销售一种商品,进价为每件40元。当售价为60元时,每天可售出100件。经市场调查发现:每降价1元,每天可多卖5件;反之,每涨价1元,每天少卖5件。请问,设置定价为多少时,商店可以取得最大利润?

提问方式如下:

> 问:XXXX(题目省略)
> 以上题目如何通过函数图形方式进行求解?
> 答:要解决这个问题,我们可以按照以下步骤进行分析和求解:
>
> 1. 确定变量
>
> 售价:设为 x 元。
>
> 销售量:根据售价的变化而变化。
>
>   当售价为60元时,销售量为100件。
>
>   每降价1元,销售量增加5件。
>
>   每涨价1元,销售量减少5件。
>
> 因此,销售量为:
>
> $$销售量 = 100 - 5(x-60) = 400 - 5x$$

利润：每件商品的利润为售价减去进价，即 $x-40$ 元。总利润为：
$$\text{利润} = (\text{销售量}) \times (\text{每件利润}) = (400-5x)(x-40)$$

2. 建立利润函数

将利润表示为售价 x 的函数：
$$P(x)=(400-5x)(x-40)$$

展开后得到：
$$P(x)=400x-16000-5x^2+200x=-5x^2+600x-16000$$

3. 求利润函数的顶点

这是一个二次函数，其图像为开口向下的抛物线，顶点处利润最大。顶点的横坐标为：
$$x=-\frac{b}{2a}=-\frac{600}{2\times(-5)}=60$$

将 $x=60$ 代入利润函数，得到最大利润：
$$P(60)=(400-5\times 60)(60-40)=(100)(20)=2000 \text{ 元}$$

4. 验证

当售价为 60 元时：
$$\text{利润}=100\times 20=2000 \text{ 元}$$

当售价为 50 元时（降价 10 元）：
$$\text{销售量}=100+5\times 10=150 \text{ 件}$$
$$\text{利润}=150\times 10=1500 \text{ 元}$$

当售价为 70 元时（涨价 10 元）：
$$\text{销售量}=100-5\times 10=50 \text{ 件}$$
$$\text{利润}=50\times 30=1500 \text{ 元}$$

由此可见，售价为 60 元时利润确实最大。

5. 函数图形分析

绘制利润函数 $P(x)=-5x^2+600x-16000$ 的图像：

开口向下，顶点在 $x=60$ 处。

当 $x=60$ 时，$P(x)=2000$ 元为最大值。

DeepSeek 一步步地详细展示了 5 个解题步骤。如果我们对步骤存在疑问，可以提出看法。例如，为什么把售价作为变量，提问如下：

> 问：在这个题目中，为什么选择售价作为变量？
> 答：在数学建模和函数分析中，选择合适的变量非常关键。在这个问题中，选择售价作为变量（即设为 x）是因为：
> 1. 售价直接影响利润和销售量
> ……
> 2. 售价的变化规律明确
> ……
> 3. 利润函数的简洁性
> ……
> 4. 实际问题的自然选择
> ……

DeepSeek 从 4 种角度阐述了选择售价作为变量的原因。这样，我们就能充分理解设置变量的方式。以此方法，也可以追问其他几个步骤的实施依据，彻底掌握使用函数图形求解应用题的方法。

第 9 章
英语进阶：单词、语法、听说三重密码破译

英语是与语文、数学并存的三大主科之一。由于文化差异，在学习英语时，每个人都会遭遇单词、语法和听说三大难关。为此，我们会投入海量时间进行学习，但往往效果并不好，现在有了DeepSeek，我们也就拥有更为有效的学习方式，轻松实现英语进阶。

9.1 单词记忆黑科技：解构、扩展、联结

对于学习英语，掌握单词就像盖房子需要砖块一样关键。单词是语言能力的根基，直接影响着听、说、读、写所有层面。因此，我们往往会投入大量的时间背单词，但效果却大多不好。现在，我们能借助 DeepSeek 突破死记硬背，实现高效背单词。

9.1.1 单词解剖室：拆解音、形、义密码

希希咬着笔头，在纸上反复抄写"d-a-n-g-e-r-o-u-s"，嘴里嘟囔着："/ˈdeɪndʒərəs/，危险的……"抄完五遍后，她匆匆翻到下一

页，继续机械地重复。十几分钟后，她自信地合上单词书，开始默写。可笔尖悬在纸上，大脑却一片空白——"dangerous"少了个"o"，"giraffe"拼成了"geraffe"……她盯着错误连连的默写本，沮丧地趴倒在桌上。

背单词时需要掌握单词的发音、拼写和词义。为此，要反复读单词，抄单词，看例句。折腾下来，花的时间很多，效果却非常糟糕，还是记不住单词。这是我们下的功夫不够，还是自己天生不擅长背单词？

都不是，这是因为我们在死记硬背单词而已。回想一下我们是如何记汉字的。例如，要记"揉"字时，下意识地使用很多技巧。"揉"由"扌"和"柔"两部分组成。其中，"扌"表示"揉"的动作，与手有关，"柔"表示动作的结果，使物体变软。两者组合起来就是"揉"的基本含义——"用手搓弄东西，使其变软"。

在记忆汉字的时候，我们没有死记硬背汉字的拼写、发音和意义，而是将三者集合起来记忆。这就导致了虽然汉字比英语单词复杂得多，但我们却觉得汉字很好记。对于英语单词，同样可以将其发音、拼写和词义结合在一起进行记忆。如何做到这一点呢？可以求助 DeepSeek。

例如，记忆单词 dangerous 之前，先让 DeepSeek 拆解一下这个单词。提问方式如下：

问：单词 dangerous 在发音、拼写和词义之间有什么关联？

答：单词"dangerous"在发音、拼写、词义之间的关联可以通过以下规律分析，帮助理解记忆：

1. 词义 → 词根 + 后缀（逻辑关联）

　　词根"danger"（危险）+ 后缀"-ous"（具有…性质的）

　　→ 直译为"具有危险性质的"，即"危险的"。

　　例：

　　　　poison（毒）+ -ous → poisonous（有毒的）

　　　　fame（名声）+ -ous → famous（著名的）

　　关联：后缀"-ous"明确提示形容词属性，词根直接体现核心含义。

2. 拼写 → 发音（对应规律）

　　分音节拼读：dan-ger-ous /ˈdeɪn.dʒər.əs/

　　"dan-"：开音节，读长元音 /eɪ/（类似"day"）。

　　"-ger-"：弱读 /dʒər/（类似"jur"快速带过）。

　　"-ous"：固定读 /əs/（所有以"-ous"结尾的单词均如此，如"famous"/ˈfeɪ.məs/）。

　　关联：

　　　　字母组合"ger"对应发音 /dʒər/（受法语影响，英语中常见，如"general"）。

　　　　词尾"-ous"是形容词标志，发音统一弱化，提示词性。

3. 发音→拼写（反向验证）

听到 /ˈdeɪn.dʒər.əs/ 时：

（1）首音节 /deɪn/ → 对应拼写 "dan-"（英语中 /eɪ/ 常由 "a+e" 或开音节 "a" 表示，如 "name"）。

（2）中间 /dʒər/ → 对应 "-ger-"（/dʒ/ 固定为 "g" 或 "j"，此处 "g" 因后接 "e" 软化为 /dʒ/）。

（3）结尾 /əs/ → 必为 "-ous"（无其他拼写可能）。

关联：发音规则反向锁定拼写，尤其是 "-ous" 的固定性。

4. 易错点提醒

漏字母：容易漏掉 "-e-"（误拼为 "dangrous"），因 /ər/ 音可能让人忽略拼写中的 "e"。

后缀混淆：勿与 "-ious"（如 "serious"）或 "-eous"（如 "courageous"）混淆，需结合词根。

记忆技巧：

联想句子："A DANGER-OUS snake is /ˈdeɪn.dʒər.əs/!"（危险！发音和拼写联动强化）。

总结规律表：

维度	关键点	关联逻辑
词义	"danger"（危险）+ "-ous"（性质）→ "危险的"	后缀明确形容词化
发音	/ˈdeɪn.dʒər.əs/ 三音节，重音首部，"-ous" 弱读	音节划分对应拼写块
拼写	"dan-ger-ous"（注意 "ger" 中 "e" 不发音，但保证 "g" 读 /dʒ/）	字母组合发音规则固定

最终建议：结合词根词缀理解词义，按音节拆分拼写和发音，避免孤立记忆。

第9章 英语进阶：单词、语法、听说三重密码破译

DeepSeek 分析了单词 dangerous 词义到拼写、拼写到发音、发音到拼写的三种联系。根据这些联系，单词就变得和汉字一样轻松好背了。背单词就变简单多了。另外，DeepSeek 还提示，背诵时容易错的地方和类似的其他单词，如 poisonous、famous 等。

9.1.2 单词家族树：一词生百词

晨读时间，希希正埋头默写"fox"，突然听见后桌的小白念念有词："outfox 对手，躲进 foxhole，这只 foxy 狐狸真狡猾……"希希愣住了——课本哪有这些词？她忍不住回头，只见小白晃着一张密密麻麻的纸片，得意道："我姐是英语专业的！她说记住一个词要像狐狸挖洞，横向扩展才牢靠！"希希突然明白了小白的英语成绩为什么能全年级第五了。

掌握的单词越多，越容易搞定阅读理解和写作。但是，英语单词太多了，并且毫无规律，例如，猪是 pig，猪肉就变成了 pork。这导致我们根本背不完所有单词。实际上，英语单词也有自己的构词规则，只是我们不知道而已。

现在有了 DeepSeek，就能从一个单词轻松扩展出更多的单词。例如，我们正在记忆单词 fox，可以让 DeepSeek 扩展一下。提问方式如下：

> 问：单词 fox 可以扩展出哪些单词？
> 答：单词 fox（狐狸）可以通过词根派生、前缀/后缀扩展、复合构词和联想记忆等方式，扩展出以下常见词汇，并建立关联记忆网络：
> 1. 词根派生 & 变形
>   foxes（复数，狐狸）
>   规则："x"结尾+"-es"（类似 box → boxes）。
>   foxy（形容词，狡猾的；性感的）
>   后缀："-y"表示性质（如 cloud → cloudy）。
> 2. 前缀扩展
>   outfox（动词，智胜）
>   前缀："out-"（超过）+ fox → "比狐狸更狡猾"。
>   例：The detective outfoxed the thief（侦探智胜了小偷）。
> 3. 复合词 & 短语
>   foxhole（散兵坑）
>   复合词：fox + hole（狐狸挖的洞 → 军事掩体）。
>   fox hunt（猎狐活动）
>   文化相关：英国传统狩猎项目。
> 4. 同源词 & 词族
>   vixen（雌狐；泼妇）
>   古英语同源词，专指雌性狐狸，引申为"凶狠的女人"。

foxglove（毛地黄，植物名）

词源：传说狐狸戴此花躲避猎人（glove= 手套）。

5. 发音/拼写联想

box（盒子）

拼写相似：-ox 结尾（对比 fox, box, ox）。

ox（公牛）

动物类词汇，拼写简短易混淆。

6. 文化相关词汇

Fox News（福克斯新闻）

媒体品牌，名称源自创始人姓氏 Fox（狐狸象征机智）。

Fantastic Mr. Fox（电影《了不起的狐狸爸爸》）

文学作品中的狐狸形象。

记忆技巧

用句子串联扩展词：

"A foxy vixen tried to outfox hunters by hiding in a foxhole, but they tracked her with foxhounds."

（一只狡猾的雌狐试图用散兵坑智胜猎人，但他们用猎狐犬追踪到了她。）

总结表格

类型	扩展单词	关联逻辑
变形	foxes, foxy	复数、形容词化
前缀	outfox	动作强化（"超过狐狸的狡猾"）
复合词	foxhole	字面组合（狐狸+洞）
同源词	vixen	雌性狐狸 → 文化引申义
联想	box, ox	拼写相似词

通过这种方式，将 fox 从一个基础词汇扩展为有逻辑联系的词汇网络，避免孤立记忆！

根据我们给出的单词 fox，DeepSeek 扩展出更多的相关单词。这些新单词都和单词 fox 有着各种联系。例如，单词 outfox 在拼写上表示"超过狐狸"，其含义也正是"智商超过"；单词 foxhole 在拼写上表示"狐狸挖的洞"，实际意思是"散兵洞"。我们只要看几眼，就能记住所有的新单词。

所以，背新单词时，我们可以让 DeepSeek 对单词进行扩展，从而形成一棵棵单词树，实现单词量的快速提升。

9.1.3 语义关系网：同义、反义、联想

希希咬着笔头，盯着试卷上的空格发愁："The train ___ the station"。根据上下文，这里肯定是"到达"的意思，但该选哪个词呢？"用 arrive，还是 reach，还是 get to？好像每个都可以啊！"她抓狂地挠着头，"为什么一个意思要有这么多单词啊！"

掌握单词词义，并不代表就能做对题目，尤其是完形填空。因

为在英语中同样存在大量的同义词、近义词，这些词语虽然意思接近，但使用方法却有很大差异。例如希希遇到的这个问题，arrive、reach 和 get to 都可以表示到达，但用法截然不同。

要想解决这个问题，就需要在掌握单词时搜集相关的同义词、反义词以及所有相关词汇。如何快速找到这些单词呢？可以借助 DeepSeek 的力量。例如，学习单词 arrive 时，我们让 DeepSeek 搜集相关的单词，提问如下：

> 问：我正在学单词 arrive，你帮我列出它的同义词、近义词、反义词以及相关的其他词语。
>
> 答：以下是关于单词 arrive 的完整词汇扩展，包括同义词、近义词、反义词及相关短语，并附上用法对比和记忆技巧：
>
> 1. 同义词 & 近义词
> （均含"到达"之意，但用法不同）
>
> | 单词 | 用法区别 | 例句 |
> |------|---------|------|
> | reach | 直接+地点，强调结果（正式/书面） | We reached Beijing at noon. |
> | get to | 口语化，日常对话常用 | How did you get to school? |
> | come to | 强调"来到"某地（主语为移动的人/物） | She came to my party. |
> | make it | 非正式，强调成功到达（常含困难） | We finally made it to the top! |

2. 反义词

单词	释义	例句
depart	离开（正式）	The train departs at 8 AM.
leave	离开（通用）	He left the office early.
go away	离开（口语化）	Please don't go away!

3. 相关短语

短语	释义	例句
arrive at	到达小地点（如车站、家）	She arrived at the station.
arrive in	到达大地点（如城市、国家）	They arrived in Japan.
arrive on time	准时到达	The bus arrived on time.
arrive late	迟到	He arrived late for class.

4. 词性扩展

单词	词性	释义	例句
arrival	名词	到达（事件/时间）	We awaited his arrival.
arriver	名词	到达者（较少用）	The first arriver got a prize.

5. 记忆技巧

对比法：

Arrive 像客人（需引导→需介词 at/in）；

Reach 像伸手直接触碰（直接+地点）。

第9章 英语进阶：单词、语法、听说三重密码破译

场景联想：
"I arrived at a small hotel after reaching the city. Luckily, I got to my room before the rain!"
6. 易错提醒
介词误用：✘ Arrive Tokyo → ✔ Arrive in Tokyo
混淆词性：✘ His arrive was late. → ✔ His arrival was late.

通过对比和语境练习，能更精准掌握这些词汇！

通过对比，我们不仅明晰了单词 arrive 的词义和用法，还巩固了其他单词，如 reach、ge to、come、make it 等。这样，就通过一个单词串联起来更多的单词，将其根据语义组成一个网络，强化各个单词的记忆，从而提高了记忆效率。

9.2　语法破译密码：词源、差异、时态三重奏

语法是英语的规则手册，规定了单词如何组成句子，以及如何准确表达。由于英语语法众多，且与汉语语法有较大差异，因此成为学习英语的一大难点。现在有了 DeepSeek，我们就有能力更细致地分析语法细节，提高学习效率。

9.2.1　介词侦探社：词源里的搭配密码

希希写作文时写道："Look the blackboard!" 结果被扣了分。她

委屈地问老师:"为什么 look 要加 at,而 see 不用呢?"老师推了推眼镜:"因为 look 是不及物动词,必须加介词;see 是及物动词,可以直接接宾语。"

"那为什么 look 是不及物动词?"希希追问。"没什么为什么,语法规则就是这样。"老师回答。希希叹了口气:"又要死记硬背了……"放学的路上,她踢着小石子,心想:"要是英语像数学一样有逻辑就好了。"

在英语学习中,通常有着各种规定,尤其在介词搭配上。例如,look 表示看时,后面接 at;agree 表示同意,后面接 with;run 表示遇到,后面接 into……为什么要这样搭配呢?得到的答案通常都是"这是习惯用法""这是规定""没有为什么"之类的。这时,我们只能死记硬背,形成所谓的语感。

实际上,任何语言的形成都有一定脉络,符合特定的逻辑。只要了解这些内容,就能找到对应的规律,避免死记硬背。这就像汉语中的每个成语背后都有一个对应的故事。但是,我们作为一个刚

第9章 英语进阶：单词、语法、听说三重密码破译

学英语的新人，如何了解这些知识呢？

那就要靠 DeepSeek 了。例如，我们想了解 look 后面为什么要加 at，便可以问问 DeepSeek。提问方法如下：

> 问：动词 look 后面为什么要加 at，这有什么历史由来吗？
> 答：关于 look 后面必须加 at 的历史由来，需要从英语的语法演变、动词分类和语言习惯的固化过程来分析。以下是可能的解释：
>
> 1. 古英语和中古英语的动词结构
>
> 　　英语的动词体系在历史上受到日耳曼语（如古英语）和拉丁语的双重影响，动词的及物性（是否直接接宾语）逐渐分化：
> - look 源自古英语动词 lōcian，本意是"用眼睛关注"，但古英语中它常与表示方向的介词搭配（如 on、tō），强调"注视某处"。
>
> 例如：
> Lōcian on þæt（古英语，"看那个"）→ Look on that → 最终演变为 look at。
>
> - see 则源自古英语 sēon，本身是及物动词，可直接接宾语（如 sēon þæt，"看那个"），因此不需要介词。
>
> 2. 动词的"方向性"需求
> - 在古英语和早期中古英语中，许多表示"方向"或"目标"的动词需要介词辅助，以明确动作的指向。
> - look 的语义核心是"主动将视线投向某处"，因此需要介词（如 at）来标记方向（类似 go to, point at）。
> - see 的语义核心是"感知到结果"，不强调方向，因此直接接宾语。

> 3. 语言习惯的固化
>   - 在中古英语时期（约 12—15 世纪），英语语法逐渐简化，动词的介词搭配趋于固定。
>
>   ……
>
> 4. 对比其他日耳曼语言
>
>   ……
>
> 5. 语义演变的推动
>   - look 从古英语到现代英语，始终强调"主动的视觉行为"，因此需要介词标记动作的终点（at 表示"视线抵达某处"）。
>   - see 则更早地与"感知结果"绑定，逐渐脱离方向性，成为纯粹的及物动词。
>
>   ……

DeepSeek 从英语发展的角度解释了 look at 这种搭配形成的原因。这样，我们就能真正理解搭配的方式，而不是死记硬背语法规则。

所以，当我们遇到无法通过逻辑解释的介词搭配时，可以问一下 DeepSeek，让它从词源的角度进行解释，试着理解搭配背后的原理，从而提升学习效率。

9.2.2 时态时空局：破解时间密码

希希咬着笔头，盯着英语笔记："一般现在时表经常动作，现在进行时表正在做，现在完成时表已完成但有关联……"她背得滚瓜烂熟。刚和朋友从公园回来，她累得瘫在沙发上，想说"我们刚逛完公园，现在很累"，却卡壳了——该用现在完成时（have been

强调"刚结束",还是用一般过去时(went)单纯说"去过"?她懊恼地发现,死记规则根本不管用。

时态是英语语法最难的知识点之一,主要分为 12 种,由时间(过去、现在、将来)和体态(一般、进行、完成、完成进行)组合而成。在不同时态下,语句的构成方式会发生改变,动词的拼写也会发生变化。

同时,每种时态表达的意思有所不同。就像希希背诵的笔记,一般现在时用来强调动作是经常性发生的;现在进行时强调动作正在发生;现在完成时则表示动作已经完成,但对现在造成某种影响……这就导致使用哪种时态并不与动作发生的时间有关,而更多与强调的内容有关。

这就需要我们进行大量练习,不断揣摩每种时态带来的变化。在上课时,老师会把一句话写成多种时态形式,然后对照进行讲解。这种方法非常好,能够有效地促进我们对时态的理解。但是,等到练习时,我们也想尝试这种方式,却发现自己只会套用格式,根本无法区分时态带来的语义差异。

这时便可以求助 DeepSeek,让它帮助我们理解各时态之间的不同。例如,以"I go to the park"为例,让 DeepSeek 帮我们分析不同时态带来的变化,提问方式如下:

> 问:对于 I go to the park,如果转换每种时态形式,它们表示的意思会有什么差别?
>
> 答:以下是句子"I go to the park"在不同时态下的转换及含义差异的详细分析。通过对比,可以清晰理解不同时态如何改变动作的时间、状态和语境。

一、现在时态

1. 一般现在时(Simple Present)
   - 原句:I go to the park.
   - 含义:表示习惯性、规律性的动作或普遍事实。
   - 使用场景:
     - 日常习惯:I go to the park every Sunday.(我每周日都去公园。)
     - 客观事实:People go to the park to relax.(人们去公园放松。)

2. 现在进行时(Present Continuous)
   - 结构:I am going to the park.
   - 含义:表示说话时正在进行的动作,或近期已安排的计划。
   - 使用场景:
     - 当前动作:I am going to the park right now.(我正在去公园的路上。)
     - 近期计划:I am going to the park this afternoon.(今天下午我要去公园。)

3. 现在完成时(Present Perfect)

   ……

4. 现在完成进行时(Present Perfect Continuous)

   ……

二、过去时态

……

三、将来时态

……

针对句子"I go to the park"，DeepSeek列出了12种时态的形式，并说明每种时态的含义。根据讲解，我们可以仔细区分每种时态带来的含义变化。这样，就能根据自己要表达的意思选择正确的时态。

另外，在每次完成作业时，也可以让DeepSeek验证我们对时态的判断。例如，要表示"昨天下午三点前我已经完成了作业"，可以向DeepSeek提问如下：

> 问：I had finished my homework before 3 p.m. yesterday. 这句话能不能表示我昨天下午三点前已经完成了作业？

有了DeepSeek的帮助，我们能不断尝试各种时态的使用，快速掌握其使用场景和所表达含义的差别。

9.3 语音交互特训：听说能力双突破

听和说是英语学习的核心实践环节，不仅能把知识转化为技能，还能暴露和纠正英语学习中的各种短板，如语法漏洞、词汇不足等。但我们缺乏足够的练习机会，导致自己学成了"哑巴英语""聋子英语"。现在借助DeepSeek进行一场交互特训，我们便能实现听说能力的双突破。

9.3.1 开口说第一步：心理障碍消除计划

外教走进教室时，希希的心跳得像打鼓。能与外教交流，这是她期盼已久的事情。可当那位金发老师真的停在她身边，笑着说出"Hello"时，她的舌头却打了结。"H…Hi…"——简单的单词卡在喉咙里，把她的脸憋得通红。结果，周围的同学已经围上外教聊起了周末计划，笑声阵阵，希希还是张不开嘴。

在学习英语的过程中，很多同学都以背单词、做题为主，缺少足够的口语输出。一旦需要在公开场合说英语，他们就会陷入恐慌，出现无意识地屏息，以及声带痉挛。这导致他们错失说英语的机会，口语不好，不敢张嘴说，两者交替往复，形成一种恶性循环。

要想跳出这种循环，需要有一个交流伙伴。他既能用英语与我们交谈，又不会嫌弃我们糟糕的反应。这个伙伴就是 DeepSeek。DeepSeek 支持英语对话，当我们使用英语与它交流时，它也会自动以英语回复。所以，想练习口语时，只要找它聊天就可以了。

首先，在手机上打开对应的 App，并将输入方法改为语音输入，然后开始说英语。对话方式如下：

> 问：Hi, DeepSeek.
> 答：Hi there! How can I assist you today?
> 问：Do you have a moment to chat?
> 答：Absolutely! I'm always here and happy to chat—whether you want to discuss something serious, lighthearted, or just random thoughts. What's on your mind?

接着，可以说自己感兴趣的任何话题，DeepSeek 都会给出回应，并引导我们进行更多的表达。在语音输入时，我们不用考虑发音是否标准，语法是否正确，只要输入即可，即使输入错误，也能在提问前进行修改。

另外，我们能随意选择任何不让自己尴尬的地方开启对话。例如，可以躲在被窝中，也可以跑到学校的操场上，还可以躲在公园中无人的角落。只要我们张嘴说英语，DeepSeek 随时都会回应。

经过不断地练习，不敢张嘴说英语的心理障碍被打破了。这样，我们就能跳出死循环，利用各种机会锻炼自己的口语了。

9.3.2　听力扩展训练：突破教材限制

希希把英语课本里的对话听了三个月：Peter 问路、Mary 买文具、Mr. Green 在图书馆找书。她终于能听清 "turn left at the bank"，后来甚至连录音机的电流杂音都能模仿出来。月考时，一段关于运动会筹备的听力题突然跳出——"volunteers should check the first-aid kits"像雨点般砸来。她盯着选项,铅笔尖在"emergency"和"equipment"间来回打转。

想要搞定单词,先搞定课本;想要搞定语法,先搞定课本;想要搞定听力,先搞定课本,这成为了我们的自然选择。初期,我们确实能从课本的听力材料中受益,但慢慢地,我们发现自己遇到了瓶颈。课本里的听力材料就一个慢语速,场景也比较单一,换个新材料就很难应对了。

这个时候,我们就需要找到更适合自己的听力材料。首先,材料的主题是自己感兴趣的;其次,单词的难度要匹配自己的现有水平。最后,材料的场景是考试常见的类型。想要找到这样的听力材料并不容易。既然这样的材料不好找,我们就找 DeepSeek 来定制生成。

假设,我们喜欢踢足球,掌握的单词量并不多,而考试经常以校园为背景。根据这些条件,让 DeepSeek 生成一份听力材料。提问方式如下:

> 问:帮我生成一个英文故事,主题为足球,长度不超过200个单词。其中,不要使用生僻单词,适合七年级的学生阅读。另外,故事发生的场景为学校。
>
> 答:**Title: The Final Kick**
>
> (195 words)
>
> The soccer field was muddy after the rain, but Liam couldn't wait. Today's match against Pine Hill Middle School would decide

the championship.

At halftime, the score was 1-1. Liam's best friend Carlos passed him the ball, but Liam slipped and missed the shot. "Sorry, team," he mumbled, grass stains on his knees.

Coach Patel patted his shoulder. "Heads up! Teamwork beats perfect shots."

In the last minute, Carlos got fouled near the penalty area. "You take the kick, Liam," he said, breathing hard.
……

Key Features
1. **School sports dynamics**：Focus on teamwork over individual success
2. **Action verbs**：*slipped, curved, exploded* (accessible for Grade 7)
3. **Moral depth**：Combines sportsmanship with resilience
4. **Sensory details**：Muddy field, crowd chants, grass stains
5. **Dialogue 比例 **：30% spoken lines to keep pacing lively

Suitable for reading comprehension activities like "Sequence the Match Events" or "Find the Moral".

　　DeepSeek 生成了一个 195 个单词的小故事，讲述两个中学的足球队在雨中进行一场比赛。在结尾处，DeepSeek 还给出了关键点。在手机上，点击回答右下角的声音图标可以播放这个故事。在播放时，还可以控制播放的速度，选择以更慢或者更快的速度播放。在听完之后，还可以要求 DeepSeek 生成对应的听力题目进行自我测试。提问方式如下：

问：根据这段故事，你帮我生成五个听力题目，进行自测。

答：以下是基于故事 The Final Kick 的 5 个听力自测题（附答案）：

Listening Comprehension Questions

1. What was the weather like during the soccer match?
   A. Sunny and hot
   B. Rainy and muddy
   C. Snowy and cold
   Answer：B

2. Why did Liam say "Sorry, team" in the first half?
   A. He hurt another player
   B. He missed an important shot
   C. He forgot his uniform
   Answer：B
   ……

DeepSeek 生成了 5 道题目，并且在每道题目后都给出了答案。如果我们担心答案对自己造成干扰，也可以要求 DeepSeek 把答案统一放到最后。

借助 DeepSeek，我们依据自己的兴趣和听力水平，生成各种各样的听力材料，进行专项训练，能快速地提升听力水平。